プレス金型図面 の 読み方

はじめて学ぶ

高齢・障害・求職者雇用支援機構　高度ポリテクセンター

中杉 晴久 [編著]

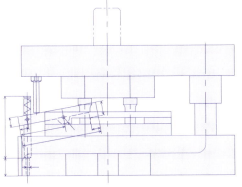

日刊工業新聞社

はじめに

　金型の図面は、金型の設計・製作の現場において、技術情報の伝達に用いられます。また営業や資材の発注などの事務処理や品質管理部門においても、図面は仕事をする上での重要な情報伝達の道具とされ、図面を介して金型の構造や機能についての情報を読み取る能力が必要とされます。

　プレス金型の図面は、概ねJIS機械製図に沿って描かれていますが、一部に社内規格やプレス金型特有の描き方や省略図法が用いられているため、JIS機械製図の知識があっても、金型構造を読み取ることは難しいとされています。

　さらに、金型図面を読むために必要な知識を身につけようとした場合、JIS機械製図やプレス金型に関する専門書を読むだけでは難しく、現場での教育や経験が必要となります。そのため、金型図面を読むために必要な知識の習得には、ある程度の時間が必要とされています。

　そこで本書は、小物のプレス部品を加工する金型（小物のプレス金型）図面を題材とし、1冊で読解に必要な知識を習得することを目的として執筆しました。小物のプレス金型は、プレス金型の中では一番数多く製作され、大物のプレス部品を加工する金型と機能的には共通する部分も多く、初めて金型図面を学ぶ方にとっては、構造がシンプルで理解しやすいと思います。

　入社して1〜2年目で、これからプレス金型図面の読み方を学ぶ方のために、JIS機械製図に関する知識に加え、プレス金型の構造やプレス金型固有の図示法についても解説しています（内容によっては、図面の描き方を説明しているところもあります）。初心者や普段の業務で図面を見る機会が少ない営業や事務の方にも理解していただけるように、図や写真を多く用いました。これからプレス金型について学ぶ方の入門書として活用していただければ幸いです。

　今回、本書籍を出版するにあたり、日刊工業新聞社出版局のプレス技術編集部と書籍編集部の皆様にご尽力を賜りましたことを感謝いたします。

2019年1月

中杉　晴久

編 著 者

中杉　晴久（なかすぎ　はるひさ）
独立行政法人　高齢・障害・求職者雇用支援機構
高度ポリテクセンター　素材・生産システム系 講師

執 筆 者

中杉　晴久（なかすぎ　はるひさ）
独立行政法人　高齢・障害・求職者雇用支援機構
高度ポリテクセンター　素材・生産システム系 講師
執筆担当：1章、3章、5章5-4、コラム

吉村　誠（よしむら　まこと）
独立行政法人　高齢・障害・求職者雇用支援機構
高度ポリテクセンター　素材・生産システム系 講師
執筆担当：2章

宮崎　竜一（みやざき　りゅういち）
独立行政法人　高齢・障害・求職者雇用支援機構
高度ポリテクセンター　素材・生産システム系 講師
執筆担当：4章

榊原　充（さかきばら　みつる）
独立行政法人　高齢・障害・求職者雇用支援機構
高度ポリテクセンター　素材・生産システム系 講師
執筆担当：5章5-1～5-3

独立行政法人　高齢・障害・求職者雇用支援機構
高度ポリテクセンター
〒261-0014　千葉県千葉市美浜区若葉3-1-2
TEL：043-296-2580　　FAX：043-296-2780

CONTENTS

はじめに …………………………………………………………………… i

第1章 まずは金型の構造を理解する　　1

1-1 金型の構造と金型の機能 …………………………………… 2
- プレス作業と金型 ………………………………………… 2
- プレス金型製作に必要な知識 …………………………… 3

1-2 金型を構成する部品と機能 ………………………………… 4
- 一番重要な部品はパンチとダイ ………………………… 4
- プレス加工法と金型 ……………………………………… 5

1-3 金型の基本構造 ……………………………………………… 6
- 「独自に設計する部分」と「共通して用いる部分」 …… 6
- 金型構造パターンを理解する …………………………… 7
- 標準化された金型構造はなぜ必要か …………………… 9
- プレス金型の基本構造パターン ………………………… 10
- プレス金型の基本構造 …………………………………… 11
- 刃合わせガイド …………………………………………… 13

1-4 レイアウト図（ストリップレイアウト図） ……………… 14
- 加工工程が描かれたレイアウト図 ……………………… 14
- 順送金型でレイアウト図は必需品 ……………………… 15

1-5 加工を補助する部品 ………………………………………… 17
- ストリッパプレート ……………………………………… 17
- ストリッパボルト ………………………………………… 18
- 材料ガイド（ストックガイド） ………………………… 19

1-6 関係精度を保つための部品 ………………………………… 20
- パンチプレート …………………………………………… 20
- ノックピン ………………………………………………… 21

iii

- ▶ パイロットパンチ ……………………………………………… 22

1-7 プレス機械に取り付けるための部品 …………………………… 23
- ▶ パンチホルダ、ダイホルダ ……………………………………… 23
- ▶ ダイセット ……………………………………………………… 24
- ▶ ダイセットの形式と特徴 ………………………………………… 25
- ▶ ガイドポストとガイドブシュの形式 …………………………… 25

1-8 その他の部品 ………………………………………………………… 29
- ▶ リフタとエジェクタ ……………………………………………… 29
- ▶ スプリングプランジャ …………………………………………… 30
- ▶ ガイドリフタ ……………………………………………………… 31
- ▶ ミスフィード検出装置 …………………………………………… 32

1-9 実際の金型構造と金型図面 ……………………………………… 33
- ▶ 製品図と金型図面 ………………………………………………… 33

1-10 実際の金型の構造 ………………………………………………… 35
- ▶ 実際の金型図面を見てみよう …………………………………… 35

第2章 図面の基本を知る　39

2-1 図面の役割と規格 ………………………………………………… 40
- ▶ 図面の目的と機能 ………………………………………………… 40
- ▶ JIS規格と社内規格 ……………………………………………… 41
- ▶ JIS規格とはどのような規格か ………………………………… 43
- ▶ JIS規格と社内規格 ……………………………………………… 44

2-2 図面の様式 …………………………………………………………… 46
- ▶ 製図用紙の大きさ ………………………………………………… 46
- ▶ 図面の様式（輪郭線）……………………………………………… 47
- ▶ 図面の様式（表題欄）……………………………………………… 48
- ▶ 図面の様式（部品欄）……………………………………………… 50
- ▶ 推奨尺度は？ ……………………………………………………… 52
- ▶ 線の種類と用途 …………………………………………………… 52

2-3 投影法とは……58
- 投影法の種類（正投影）……58
- なぜ図面は容易に伝えることができるのか？……58
- 第三角法……60
- 第一角法と投影法の図記号……64
- 第三角法の事例　その１（最小限の図で表す）……66
- 第三角法の事例　その２（面取りを施す場合）……68
- 第三角法の事例　その３（かくれ線、中心線を使う）……70
- 第三角法の事例　その４（円筒形状の表し方）……72
- 第三角法の事例　その５（一部平らな部分がある丸棒の表し方）……73
- 投影法の種類（プレス製品の表し方）……75

第3章　金型図面の読み方　77

3-1 金型図面の配置……78
- JIS規格の図面配置……78
- 金型設計過程で描かれる図面……78
- 組立図の描かれ方……80
- 上型と下型の対応関係に注意する……82
- 図面配置の例「前後に反転した場合」……82
- 図面配置の例「左右に反転した場合」……83
- 図面配置の例「順送金型の場合」……83
- 金型組立図の例……85

3-2 補足する投影図……86
- 補助投影図……87
- 部分投影図……87
- 局部投影図……88

3-3 補足する投影図の表し方……89
- アレンジ図……89
- 展開図……89

▶ ストリップレイアウト図の描き方 ……………………………………… 90

3-4 金型の断面図示法 ……………………………………………………… 91
▶ 断面図示にはプレス金型独自の描き方がある ……………………… 91
▶ 見えない部分が重要 …………………………………………………… 92

3-5 断面図 ………………………………………………………………………… 93
▶ JIS規格の断面図示 ……………………………………………………… 93
▶ 部分断面図 ……………………………………………………………… 95
▶ 片側断面図 ……………………………………………………………… 95
▶ 図面で切断しないもの ………………………………………………… 95
▶ ハッチングとスマッジング …………………………………………… 97
▶ 金型独自の断面図示 …………………………………………………… 98

3-6 図形の省略と特殊な図示法 ……………………………………………… 100
▶ 展開図示 ………………………………………………………………… 100
▶ 想像線を用いて表す図形 ……………………………………………… 100
▶ 平面部の表示 …………………………………………………………… 102
▶ 中間部の省略 …………………………………………………………… 102
▶ 繰り返し図形の省略 …………………………………………………… 103

3-7 金型図面における簡略図示法 …………………………………………… 104
▶ プレス金型特有の簡略図示法がある ………………………………… 104
▶ ねじの図示 ……………………………………………………………… 104
▶ おねじの図示方法 ……………………………………………………… 104
▶ めねじの図示方法 ……………………………………………………… 106
▶ ボルトの締め付け形式 ………………………………………………… 106
▶ ストリッパボルト ……………………………………………………… 108
▶ コイルばねの図示方法 ………………………………………………… 109
▶ コイルスプリングの使用例と図示方法 ……………………………… 110
▶ ハッチングの省略 ……………………………………………………… 113
▶ 面取りの省略 …………………………………………………………… 113
▶ 省略された図に慣れる ………………………………………………… 114

第4章 寸法の表し方 … 115

4-1 寸法の基本要素 … 117
- ▶ 寸法線 … 117
- ▶ 寸法補助線 … 118
- ▶ 引出線 … 120

4-2 寸法の配置 … 121
- ▶ 直列寸法記入法 … 121
- ▶ 並列寸法記入法 … 122
- ▶ 累進寸法記入法 … 123
- ▶ 寸法公差の累積 … 123

4-3 寸法補助記号 … 125
- ▶ 直径の表し方（φ） … 125
- ▶ 球の直径および半径の表し方（Sφ、SR） … 127
- ▶ 正方形の辺の表し方（□） … 128
- ▶ 半径の表し方（R） … 129
- ▶ コントロール半径の表し方（CR） … 130
- ▶ 円弧の長さの表し方（⌒） … 130
- ▶ 面取りの表し方（C） … 131
- ▶ 厚さの表し方（t） … 133
- ▶ 理論的に正しい寸法および参考寸法 … 133

4-4 穴の寸法の表し方 … 135
- ▶ 加工方法の指示 … 135
- ▶ 同じ穴寸法の表し方 … 136
- ▶ 穴の深さの表し方 … 137
- ▶ ざぐりおよび深ざぐりの表し方 … 137

4-5 その他の寸法の表し方 … 139
- ▶ こう配およびテーパの表し方 … 139
- ▶ ねじ寸法の表し方 … 140
- ▶ 長円の表し方 … 140

第5章 各種記号について　143

5-1 寸法公差について ……144
- 寸法公差とは ……144
- 数値で記入する寸法公差の読み方 ……144
- 普通公差（普通寸法公差）とは ……146
- 寸法の配置と意味の違い ……148
- はめあい（記号で表す寸法公差）とは ……149
- はめあい（記号で表す寸法公差）の読み方 ……152
- 組立部品の寸法公差の記入方法 ……154
- 理論的に正確な寸法の場合 ……154

5-2 幾何公差記号 ……155
- 幾何公差とは ……155
- 形状公差について ……157
- 姿勢公差について ……158
- 位置公差について ……159
- 普通幾何公差について ……160

5-3 表面性状の図示記号 ……161
- 表面性状とは ……161
- 表面性状の記号とその意味 ……163
- 表面性状の記号に書かれた意味 ……163
- これまでのいろいろな表現 ……167
- 図面の左上（部品番号の右など）に大きめに記入されている場合 ……167

5-4 組立図 ……168
- プレス金型の機能を表す記号 ……168
- 金型図面で使用される記号の例 ……169

参考資料 ……171
索引 ……172

第1章
まずは金型の構造を理解する

第 1 章　まずは金型の構造を理解する

1-1
金型の構造と金型の機能

▶ プレス作業と金型

　プレス作業とは、プレス機械に取り付けられた一対の金型に、材料をセットし、その材料にプレス機械により大きな力を加え、材料を成形し（プレス加工）、成形された製品を金型の外に搬出するまでの一連の作業をいいます（**図1-1-1**）。プレス加工は均一な品質の製品を効率よく生産できる方法として、広く利用されています。このプレス加工を行う上で欠かせないのがプレス金型です。

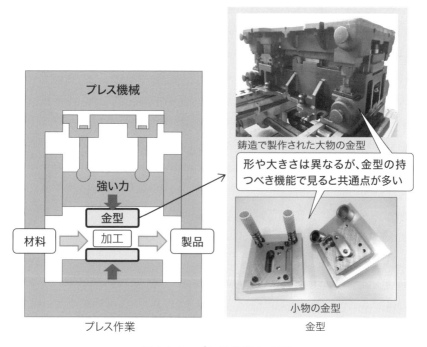

図1-1-1　プレス作業と金型

▶ プレス金型製作に必要な知識

　図1-1-2は、金型を製作する過程において、各作業に携わる作業者に必要となる知識や技能・技術を示したものです。金型の製作は総合的な技能・技術によって支えられ、「モノづくり」に関する高度で幅広い知識と技能・技術が必要とされることがわかります。

　プレス金型の設計から製作に携わる仕事をする者として、まず必要となる知識は「金型の構造・機能」に関する知識です。これは、「金型の設計」から「金型加工」「トライ・調整」「プレス加工」に至るすべての作業において必要な知識とされています。

　金型図面は金型の設計・製作過程において、情報伝達に用いられます。それを読解するために必要な「金型の構造・機能」に関する知識は、プレス金型製作やプレス加工に携わる仕事をする上で、最初に身につけなければならない知識といえます。

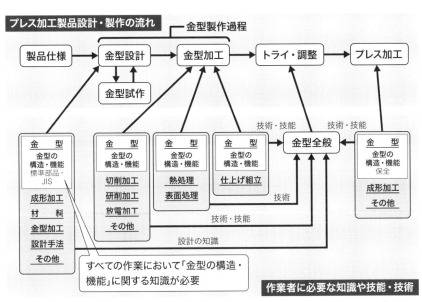

図1-1-2　プレス加工製品設計・製作の流れと作業者に必要な知識

第1章　まずは金型の構造を理解する

1-2
金型を構成する部品と機能

▶ 一番重要な部品はパンチとダイ

　プレス加工は、材料に「型」の形状を転写させる加工です。よって、プレス金型の一番重要な部品は、製品形状を加工する部品「パンチ」と「ダイ」です。パンチとダイは一対の工具で、加工を行う際は金型がプレス機械にしっかりと取り付けられ、お互いの関係精度を保って運動する必要があります。そのため金型には「加工を行う」部品以外に、「加工を補助する」ための部品や「関係精度を保つ」ための部品および「プレス機械に取り付ける」ための部品が必要となります（表1-2-1）。

　パンチとダイの形状は、製品の仕様を理解し、その仕様を満たすことができるように設計者が決めます。つまり、パンチとダイの形状により、製品の仕様を満たすことができるか否かが決まるのです。

　なお、パンチとダイの詳細な形状、構造についての説明は、他書に譲

表1-2-1　機能ごとに分類したプレス金型部品

機　能	部　品
加工を行う	パンチ ダイ　　（金型の中で一番重要な部品！）
加工を補助する	ストリッパプレート ストックガイド
関係精度を保つ	パイロット ガイドポスト パンチプレート ダウエルピン
プレス機械に取り付ける	パンチホルダ ダイホルダ（ダイセット）

ることにし、本書では割愛します。

> **補足説明** 材料：金型材料と区別する場合は被加工材料という。
> 関係精度（を保つ）：パンチとダイとのクリアランス（隙間）や垂直、平行などといった互いの姿勢を保つことをいう。パンチとダイとの関係精度が悪いと加工される製品の出来栄えに影響を及ぼす。

▶ プレス加工法と金型

図1-2-1は、プレス加工の代表的な加工法である、せん断加工、曲げ加工および絞り加工の加工の様子を示した図です。どの加工法においても「パンチ」と「ダイ」が、加工をする役割の中で中心的な存在となっています。

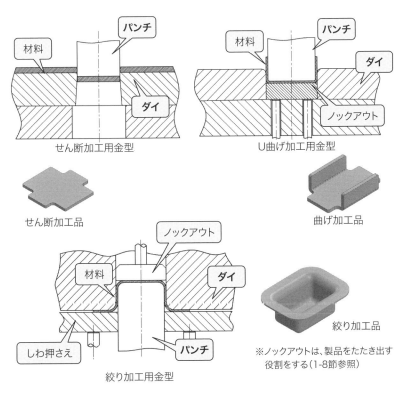

図1-2-1　代表的なプレス加工法と金型構造

第1章　まずは金型の構造を理解する

1-3
金型の基本構造

▶「独自に設計する部分」と「共通して用いる部分」

　1つのプレス部品を生産するために、それぞれ専用の金型が製作されます。パンチとダイはプレス部品の仕様に合わせて設計されますが、それ以外では他の金型と似ている部分が多く見られます。

　図1-3-1に、金型Aと金型Bの2つの順送金型と、それぞれの金型で加工される製品とそのスケルトンを示します。これら金型の外見を見た

金型A　　　　　　　　　　　　　　金型B

製品1のスケルトン　　　　　　　　製品2のスケルトン

製品1　　　　　　　　　　　　　　製品2

成形したプレス部分は見た目が異なるが、
それをつくり出す金型は、外見だけで区別することが難しい

図1-3-1　2つの金型と製品

だけでは、その金型でどのような製品が加工されるのか見分けがつきません。なぜ、似たような外見や金型構造になっているのでしょうか？

そもそもプレス金型には、「加工する製品の仕様に合わせて独自に設計する部分」と、他の金型と同じ大きさや構造になっていても機能的に問題ない「共通して用いる部分」があります。似ている大きさや形状を加工する場合、他の金型と共通して用いることができる部品や構造パターンを用いることで、金型設計と製作を効率化できるのです。そのため、違う金型でも似たような外見や構造になっているといえます。

共通して用いることができる部品や構造パターンを、どの金型にも使えるようにすることを標準化といいます。図1-3-1の2つの金型は、設計や製作を効率化するために、標準化された金型構造を採用した金型です。

補足説明 スケルトン：順送加工において実際に加工した材料を切断し、レイアウト図（加工工程）を実体化したもの。加工工程を見るために用いられる。
順送金型：順送り型、プログレッシブ金型とも呼ばれる。せん断、曲げ、絞りなどの複数の加工工程を備えた金型で、製品と材料をつなげた状態で各工程間を送り、連続して加工することにより、高効率な加工が行える金型。
標準化：金型の仕様を大きさや機能で分類して、設計の基準となるように規格化すること。金型の構造や部品を標準化することにより、金型の設計・製作を効率化できるメリットがある。

▶ 金型構造パターンを理解する

図1-3-1の金型AとBのプレートの形式は、ともに**図1-3-2**のようになっており、各プレートの厚みや大きさも同じです。

図1-3-3は、図1-3-1で示した金型AとBの2つの金型を、上型と下型を開いて置いた図です。図1-3-3を見てわかるように、外見だけではなく、金型AとBのプレートの大きさや、アウターガイドやインナーガイドの大きさや位置まで同じとなっています。

標準化されたプレス金型構造を一旦覚えてしまえば、次に同じ標準構造の金型構造を読解するときに、その金型独自に設計された部分に集中すればよいので、図面の読解が楽になるはずです。

第1章　まずは金型の構造を理解する

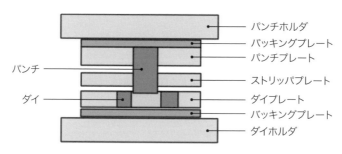

図1-3-2　金型のプレートの構成

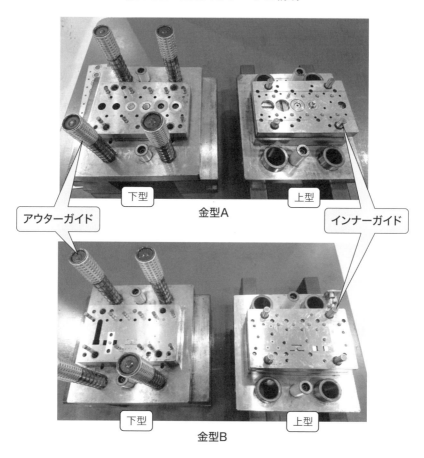

図1-3-3　標準化された金型の構造

▶ 標準化された金型構造はなぜ必要か

　前述したとおり金型には、製品の仕様に合わせて設計する部分と、共通で用いることができる部分があります。

　図1-3-4の「ア」の部分は、製品の仕様に合わせて設計する部分です。一方、その他の部分（「イ」の部分）は、金型Aと金型Bで同じ構造となっています（図1-3-5）。

　共通して用いられる部分は「標準化」されて、高精度な金型を短納期に設計・製作するために役立っています。標準化された金型構造を使わず、設計者が自分好みの設計をすると、構造の異なる金型が増えてしまいます。金型構造の種類が増えると、現場の作業者はどのようにメンテナンス、調整をしてよいかわからず、困ってしまいます。

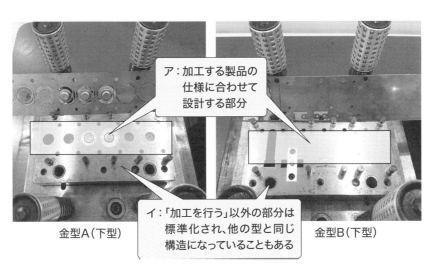

図1-3-4　金型の標準化部分

第1章　まずは金型の構造を理解する

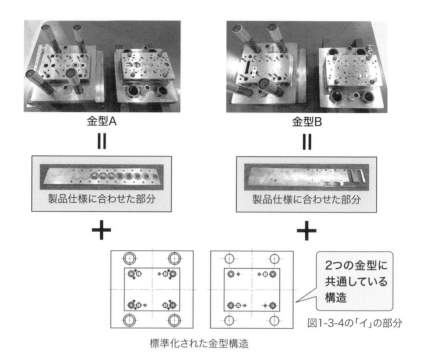

図1-3-5　金型の機能と構成

▶ プレス金型の基本構造パターン

プレス金型の基本構造を考えるとき、類似している構造ごとに分類すると3つに分けることができます。つまりプレス金型は、3つの基本構造のパターンで成り立っているといえます。

金型の基本構造パターンは、次の3つです（**図1-3-6**）。
①ボルトやガイドなどの平面的な配置といった「平面構造のパターン」
②プレート構成や標準部品などの「縦構造のパターン」
③金型に用いられている「標準部品」

標準部品に関する知識は、プレス金型用標準部品のカタログを参照し

1-3 金型の基本構造

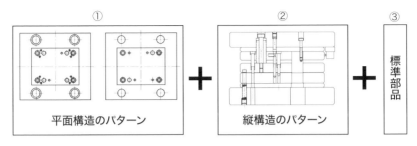

図1-3-6　金型構造のパターン

てください。標準部品カタログには、基本的な金型構造のパターンや標準部品の使用例が紹介されています。

> **補足説明**　ボルト：部品と部品を締結するために用いられる機械要素。軸部と頭部からなり、軸部にはおねじが切られ、頭部を工具を用いて回すことにより締め付けたり緩めたりできる。
> ガイド：動きのある部品を案内するために用いる機械要素。プレス金型では、上型と下型の関係を保つために用いられるガイドは、型合わせガイドや刃合わせガイドと呼ばれ、材料を案内するガイドはストックガイドと呼ばれている。

▶ プレス金型の基本構造

　プレス金型には、加工する製品の特長に合わせて選択される基本構造があります。上型にパンチ、下型にダイが組み付けられている金型構造を「順配置構造」といいます。逆に下型にパンチ、上型にダイが組み付けられている金型構造を「逆配置構造」といいます。そして「ストリッパ」の有無や固定式か可動式かによる組み合わせで、図1-3-7に示すように6つの基本構造に分類されます（ストリッパについては1-5節参照）。総抜きなどの複合型は、これらの基本構造を組み合わせた構造となっています。

　標準化されたプレス金型構造を一旦覚えてしまえば、次に同じ標準構造の金型構造を読解するときに楽になります。

第1章 まずは金型の構造を理解する

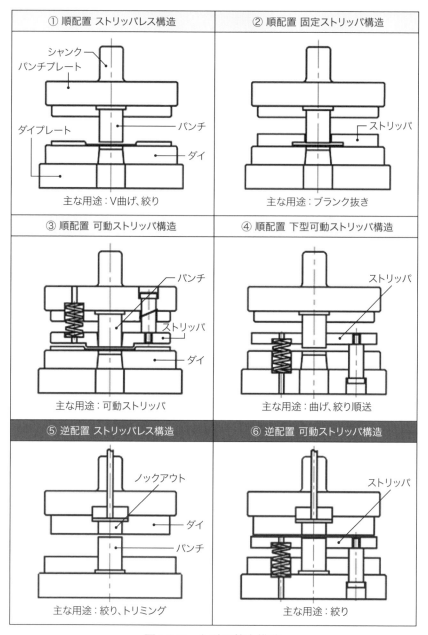

図1-3-7 金型の基本構造

▶ 刃合わせガイド

　金型は一対の工具（パンチとダイ）が関係精度を保ちながら運動することで、加工を行います。特にせん断加工では、関係精度が、製品の出来栄えや金型の寿命に大きく影響を及ぼします。よって金型において関係精度を保つための機能を担う「刃合わせガイド」は重要です。

　「刃合わせガイド」の主なパターンを、図1-3-8に示しました。

　金型構造のパターンは会社によって異なるので、一度自社の構造パターンを整理すると良いと思います。

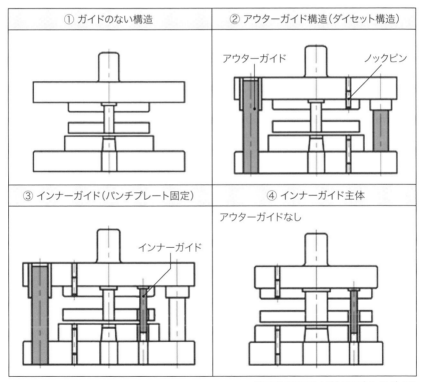

※図中のアミかけ部が刃合わせガイド

図1-3-8　刃合わせガイドの種類

第1章　まずは金型の構造を理解する

1-4

レイアウト図（ストリップレイアウト図）

▶ 加工工程が描かれたレイアウト図

　一般的に金型の設計過程において、プレス部品の仕様を満たすために金型設計者が考え出した加工工程や、パンチ・ダイの形状や配置などをまとめた図面が作成されます。その図面をレイアウト図またはストリップレイアウト図と呼びます（図1-4-1）。レイアウト図は、金型設計をより詳細化する前に、大幅な設計変更や手直しを避けるために行われるレビューに用いられます。

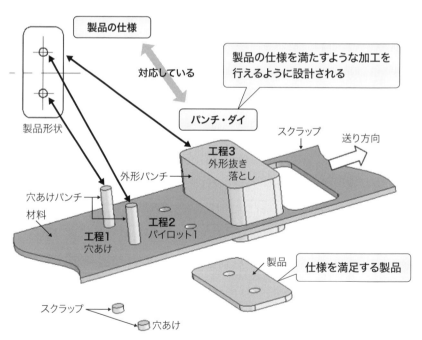

図1-4-1　プレス部品の仕様とレイアウト図の関係

1-4 レイアウト図（ストリップレイアウト図）

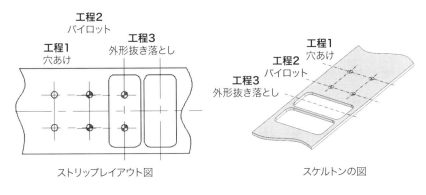

図1-4-2　レイアウト図

　レイアウト図は、金型構造を読解するにあたり役立つ重要な図面です。経験を積むと、レイアウト図を見れば、ある程度の金型構造が理解できるようになります（図1-4-2）。

▶順送金型でレイアウト図は必需品

　図1-4-3に図1-4-1に示した製品図の製品を加工する金型の図面の一部を示します。設計者は、レイアウト図をもとに、金型の基本構造のパターンから最適な構造を選択し、金型の情報を詳細化しながら図面を描いていきます。

　1つの金型で、多数の工程を行う順送金型の構造を理解するには、「レイアウト図」や「順送スケルトン」は必需品といえます。

補足説明　順送スケルトン：単にスケルトンともいう。加工工程を見ることができる。順送金型で加工された材料片。

第1章　まずは金型の構造を理解する

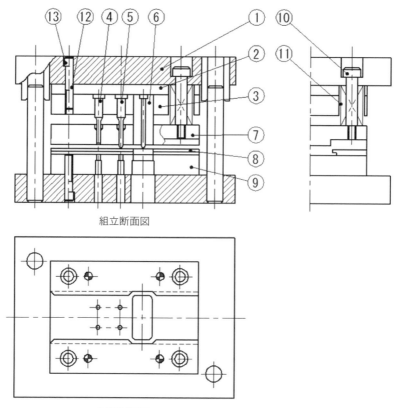

組立断面図

下型平面図

部品番号	部品名
1	ダイセット
2	バッキングプレート
3	パンチプレート
4	穴抜きパンチ
5	パイロットパンチ
6	外形抜きパンチ
7	可動ストリッパ
8	ストックガイド
9	ダイプレート
10	ストリッパボルト
11	ばね
12	ノックピン
13	六角穴付ボルト

図1-4-3　金型の図面

1-5 加工を補助する部品

プレス金型を構成する主な部品の種類と機能は、次のとおりです。

▶ ストリッパプレート

ストリッパとは、打抜きや穴あけ加工において、パンチに食付いた材料をパンチからはがす（ストリップする）ために用いられる部品です。小物のプレス部品を加工する金型には、板状のストリッパがよく用いられます。これをストリッパプレートと呼んでいます。

ストリッパの形式には、可動式と固定式の2種類があります。可動式には、材料を引きはがす機能以外に、材料を押える機能や刃先をガイドする機能を持たせることができます（**図1-5-1**）。

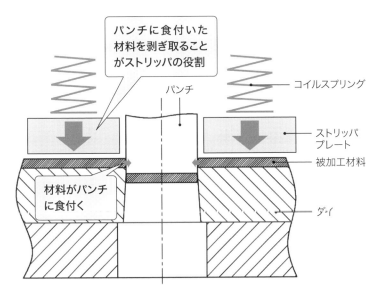

図1-5-1 可動ストリッパプレートの機能

可動式のストリッパ（**図1-5-2**）は、ストリッパボルトで組み付けられます。

▶ストリッパボルト

ストリッパボルトとは、プレス金型において可動ストリッパを固定するために用いられるボルトです。自動化機器などで使用される場合は、同じ形状のボルトをショルダーボルトなどと呼んでいます。

プレス金型で使用されるストリッパボルトは、胴の部分がガイドとし

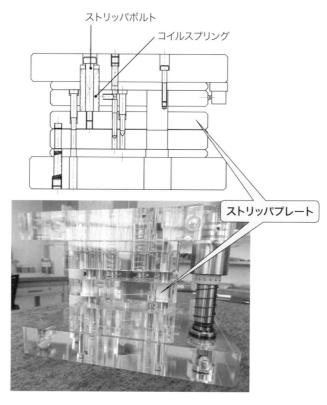

図1-5-2　可動ストリッパプレート

1-5 加工を補助する部品

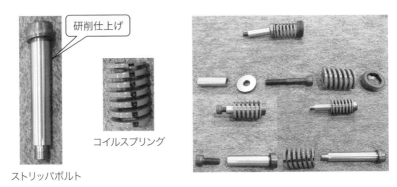

図1-5-3 ストリッパボルトと関連部品

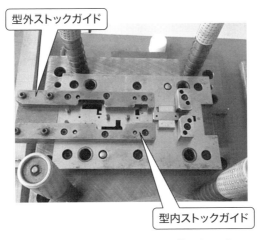

図1-5-4 ストックガイド（板ガイド）

て利用できるように研削仕上げされ、頭部は引っ張り方向に繰り返しかかる衝撃に耐えられるように設計されています（図1-5-3）。

▶ 材料ガイド（ストックガイド）

材料ガイドはストックガイドとも呼ばれ、金型内・外において材料の位置決めの補助をする部品です（図1-5-4）。

19

1-6 関係精度を保つための部品

▶ パンチプレート

パンチプレートは、パンチ同士の距離や直角といった関係精度を保つために、複数のパンチをしっかりと固定するためのプレートです。

例えば、せん断加工におけるパンチとダイの関係は、クリアランスを保ち、まっすぐに運動することが求められます。そのために、パンチをパンチプレートの正しい位置に垂直に取り付けることが重要となります（図1-6-1）。

一般には、パンチはパンチプレートに埋め込んで組み付けられますが、大きなパンチの場合は、パンチプレートを使用せずにノックピンとねじで固定されます。

プレス加工は、往復運動するスライドに取り付けられた上型と、ボル

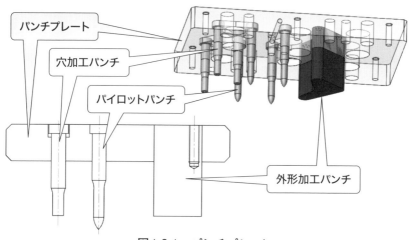

図1-6-1　パンチプレート

スタに固定された下型が、関係精度を保ちながら運動することで行われます。このため金型には、往復運動する金型の関係位置を正しく保つための部品があります。

▶ ノックピン

ノックピンはダウエルピンとも呼ばれ、金型の組立時にボルトで締結される2つの部品の位置関係を保つために用いられます。

ノックピンは、大きく「ねじなし」と「ねじ付き」に分けられます（図1-6-2）。ねじなしは貫通穴に使用され、ねじ付きは止り穴に使用されます。ノックピンにあるねじは、ノックピンそのものを抜くためのものです。

位置決めする1組のプレートに対して2本またはそれ以上のノックピンが必要です。1本のみの場合は、ピンを中心にプレートが回転してしまいます。ピンの径は、締め付けボルトと同じ径が一般的です。

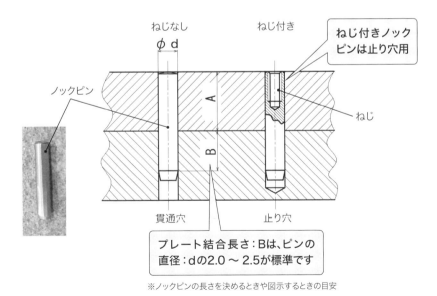

※ノックピンの長さを決めるときや図示するときの目安

図1-6-2　ノックピン

第1章　まずは金型の構造を理解する

▶パイロットパンチ

　パイロットパンチは、金型内に送られた材料を正しい位置に位置決めする機能を持つ部品です（**図1-6-3**）。順送金型においては、金型内の材料の最終的な位置決めを行う重要な部品です。

　位置決めにおいて、パイロットパンチが挿入される穴をパイロット穴といい、パイロットパンチを用いて位置決めすることを「パイロットする」などといいます。

　パイロットには、抜き落としパンチにパイロットを組み込んで、製品の穴を利用して位置決めする直接パイロットと、パンチプレートやストリッパプレートに組み込んで利用する間接パイロットがあります。

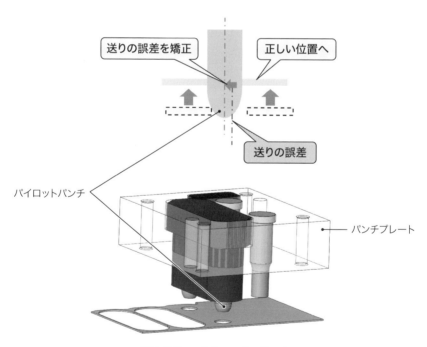

図1-6-3　パイロットパンチ

1-7 プレス機械に取り付けるための部品

▶ パンチホルダ、ダイホルダ

　パンチホルダは、パンチプレートにパンチを組み付けて一体化したパンチユニットを、固定して1つの上型として組み付けるために使用されます。ダイホルダは、ダイプレートによりダイと一体化されたダイユニットを固定して、1つの下型として組み付けるために使用されます（図1-7-1）。

　現在は上型と下型を別々に扱うのではなく、パンチホルダとダイホルダにガイドポストとガイドブシュを組み付けたダイセットを用いて、上型と下型を一体化して1つの金型として扱うことがほとんどです。

　上型はパンチホルダを介してプレス機械のスライドに固定され、下型はダイホルダを介してプレス機械のボルスタに固定されます。

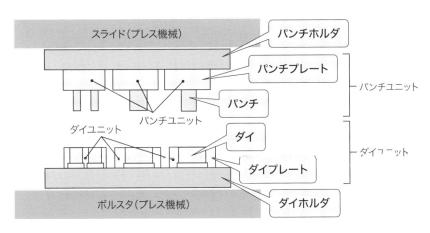

図1-7-1　パンチホルダとダイホルダ

第1章　まずは金型の構造を理解する

補足説明 型合わせ：上型と下型の位置関係を合わせ、プレス加工を行える状態に組み付けること。
スライド：プレス機械において、往復運動する部分。スライドには、上型が取り付けられる。
ボルスタ：プレス機械のフレームに固定されており、下型を取り付けるための分厚いプレート。
ユニット：複数の部品を組み合わせて1つの集合体としたもの。プレス金型においては、パンチとパンチプレートをまとめ一体化したものを「パンチユニット」と呼び、リフタピンとコイルスプリングとスクリュープラグをまとめてセットにしたものを「リフタユニット」と呼ぶ。

▶ ダイセット

ダイセットとは、パンチホルダとダイホルダのどちらかに固定されたガイドポストとガイドブシュによって連結し、お互いのホルダの位置関係を保ちながらスライドするホルダセットのことです（図1-7-2）。この中に金型ユニットが組み込まれます。

ダイセットを利用することで、プレス機械に金型を取り付ける際に型合わせの必要がなく、早く簡単に行え、クリアランスの維持にも効果があります。

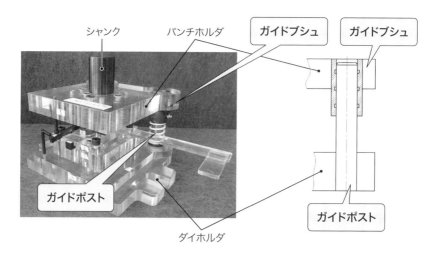

図1-7-2　ダイセットの例

▶ ダイセットの形式と特徴

　ダイセットには、ホルダの材質で分けると、鋳鉄製、スチール製とアルミ製があります。そしてガイドポストの取り付け位置で、B（バックポスト）形、C（センターポスト）形、D（ダイアゴナルポスト）形、F（フォアポスト）形の4つの形式に分けられます（図1-7-3）。

　B（バックポスト）形は、ガイドポストがプレートの後方にあり、作業エリアが前後左右に開放されており、作業性がよいという特徴があります。しかし、バランスや剛性が劣っているという欠点も併せ持っています。

　C（センターポスト）形は、剛性は優れていますが、左右送りができません。単発での使用か、前から後ろ送りでの作業に使用されます。

　D（ダイアゴナルポスト）形は、ガイドポストが対角線上に配置されており、ある程度剛性もあり、左右送りも可能です。

　F（フォアポスト）形は、剛性の面では最も優れており、左右送りも可能です。大きな加工力を必要とする中形以上の金型や、高精度な順送金型では、この形式が使用されます。

　一般的に装置において、動くものを案内する機能をもった部品を「ガイド」と呼びます。ガイドは、ダイセットで用いられる場合と金型ユニット内に組み込まれる場合があります。ダイセットと金型ユニット内のそれぞれにガイドが組み込まれる場合、ダイセットに組み付けられたガイドをアウターガイドまたはメインガイドと呼び、金型ユニット内に組み付けられたガイドをインナーガイドまたはサブガイドと呼んでいます（図1-7-4）。

▶ ガイドポストとガイドブシュの形式

　ガイドポストは、単にポストと呼ぶこともあります。ガイドポストには、プレートに埋込んで固定するタイプと脱着式のものがあります。

第1章 まずは金型の構造を理解する

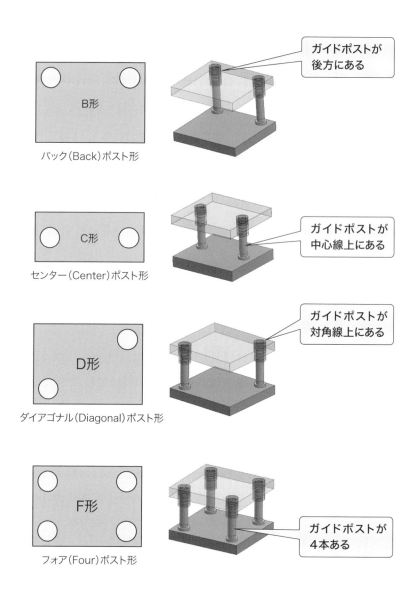

図1-7-3 ダイセット形式

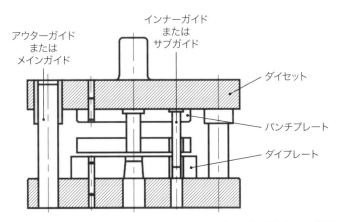

図1-7-4　ガイドの形式（ダイセットとユニット内のそれぞれに組み込まれる場合）

　ガイドブシュは単にブシュとも呼び、プレーンタイプとボールタイプがあります。

　プレーンガイドは、滑り方式のガイドです（**図1-7-5**）。プレーンタイプのガイドポストとガイドブシュの2つをあわせてプレーンガイドといいます。プレーンガイドを金型の偏心荷重や精度の悪いプレス機械で使用すると、焼付きの恐れがあります。ボールガイドは、ボールによる転がり方式ガイドです（**図1-7-6**）。焼付きの心配がなく、組立ても楽に行えます。

　一般的に重荷重、低速ではプレーンタイプが使用され、高速で軽荷重の場合はボールガイドが使用されます。

　通常は、ダイホルダにガイドポストが固定され、パンチホルダにガイドブシュが固定されます。しかし、トランスファなどの送り装置との干渉を避けるために、パンチホルダにガイドポストが固定され、ダイホルダにブシュが固定される場合もあります。

　ガイドポストとガイドブシュの主な目的は、プレス機械に取り付ける前に、プレス機械の外で、パンチとダイの位置関係を保つ、いわゆる「刃合わせ」を行うことですが、プレス加工中のガイドを兼ねることも

第1章　まずは金型の構造を理解する

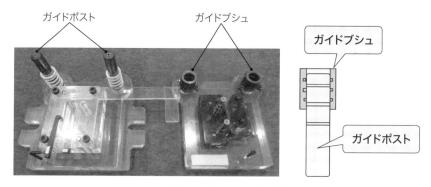

図1-7-5　プレーンガイド

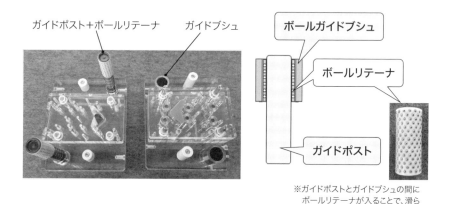

※ガイドポストとガイドブシュの間に
　ボールリテーナが入ることで、滑ら
　かな動きが可能

図1-7-6　ボールガイド

あります。しかし、実際の加工における精度は、プレス機械の精度に左右され、プレス機械のスライドのズレをガイドポストで補正できるものではありません。

補足説明　トランスファ：プレスによる自動加工の1つ。複数並んだ工程間を、プレス機械が1サイクル終わるごとに製品をつかんで後工程に送り自動加工する生産方式。

28

1-8 その他の部品

▶ リフタとエジェクタ

リフタとは、材料をダイプレートより送り高さまで持ち上げる(リフトする)ための部品です(図1-8-1)。そのリフタを構成する部品としてリフタピン、コイルスプリング、スクリュープラグがあります。

また、リフタと同じ構造でも、曲げ加工の工程で製品をダイから突き離す役割をする部品を「エジェクタ」と呼んでいます。

総抜き型では、製品は外形抜きダイの中に食付いたまま残ります。その製品をたたき出す役割をするのが「ノックアウト」です。図1-8-2は、総抜き型に用いられるノックアウトの部分を示しています。そし

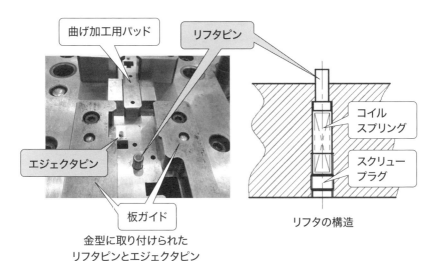

金型に取り付けられた
リフタピンとエジェクタピン
※エジェクタピンはエジェクタを構成する部品の1つ

リフタの構造

図1-8-1　リフタピンとエジェクタピン

第 1 章　まずは金型の構造を理解する

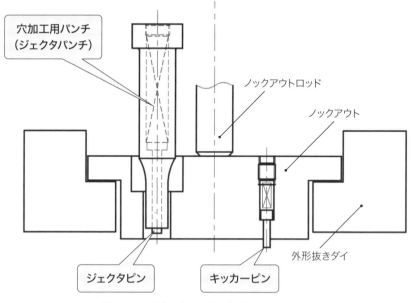

図1-8-2　ジェクタピンとキッカーピン

て、ノックアウトに張り付いた製品を落とす役割をするのが「キッカー」です。

図1-8-1と図1-8-2をみると、リフタ、エジェクタ、ジェクタおよびキッカーは構造は同じですが、役割が異なるため呼び方を変えて区別しています。しかし実際は、現場で混在して呼ばれていることが少なくありません。

補足説明　総抜き型：穴加工と外形抜き加工を同じ工程で同時に行うことができる金型。

▶ スプリングプランジャ

図1-8-3にスプリングプランジャを示します。部品に組み込まれ、リフタやエジェクタおよびキッカーとして使用されます。

1-8 その他の部品

▶ ガイドリフタ

ガイドリフタは、順送金型において材料のガイド（材料の位置決め、1-5節参照）とリフタの2つの機能を担う部品です（**図1-8-4**）。金型内において2つの機能をコンパクトに実現できるため、多く利用されています。

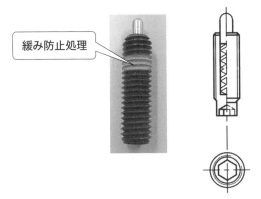

図1-8-3　スプリングプランジャ

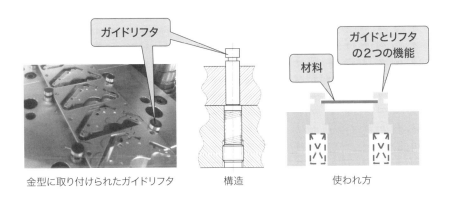

図1-8-4　ガイドリフタ

▶ミスフィード検出装置

　ミスフィードとは、材料の送りミスのことをいいます。順送加工において材料が送られる際に、送り装置の誤動作や材料が金型内で引っ掛かることにより、材料が金型内の正しい位置に送られない不具合のことです。順送加工は、手軽に自動化が行えます。しかし、カス上がりや送りミスなどの不具合が発生した場合は、それが金型の破損や良品に不良品が混ざり込む原因となります。順送加工で自動化を行う場合は、加工ミスの発生を検知するような機能が必要となります。図1-8-5に、材料の送りミスをパイロットにより検出するミスフィード検出装置を示します。

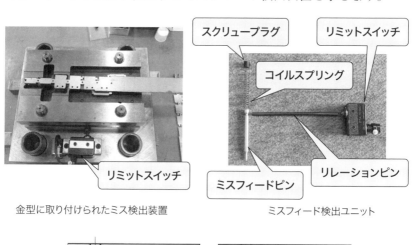

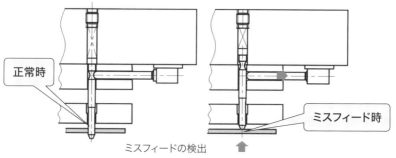

図1-8-5　ミスフィード検出装置

1-9

実際の金型構造と金型図面

▶製品図と金型図面

　金型は、プレス機械に取り付けられ、安定して製品を加工できてはじめて価値のある物になります。では、実際に加工を行っている金型を見てみましょう。図1-9-1に製品図、図1-9-2にストリップレイアウト図とスケルトンを示します。

　金型には、加工を行う製品以外に安定して生産するために組み込まなければならない部品もあります。現場で加工の様子を観察することも、

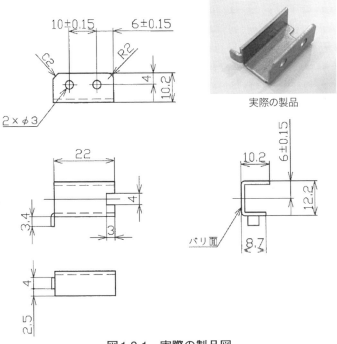

図1-9-1　実際の製品図

第1章 まずは金型の構造を理解する

金型の機能と構造の知識を身につけるためには重要です(図1-9-3)。

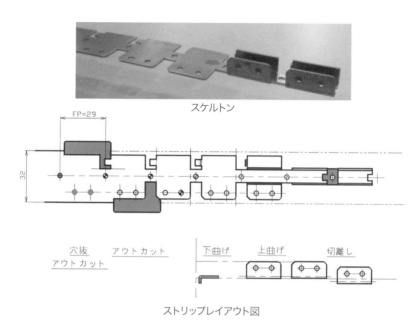

図1-9-2 実際のストリップレイアウト図とスケルトン

図1-9-3 プレス機械に取り付けられた金型と金型による加工の様子

1-10
実際の金型の構造

▶ 実際の金型図面を見てみよう

　プレス金型の図面は、社内規格によって独特の描き方をされることが多く、そのことが他社の図面を理解することを困難にしています。図1-9-1で示した製品を加工するための金型図面を見てみましょう。

　本節で示す金型の図は、実際に金型をある企業に発注した際の図面データです。CADで作図されており、これらの図面の他に部品図があります。上型と下型が別々に描かれており、上下の型が組み合った状態での図面はありません。

　図1-10-1に実際の上型を示し、図1-10-2に上型の断面図と平面図を示します。上型の平面図は、金型の上（パンチホルダ）側から描かれており、切刃形状と上型ユニットの外周が太線で描かれています。

　図1-10-3に下型の断面図と平面図、図1-10-4に実際の下型を示しま

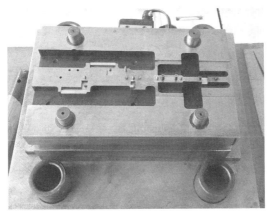

図1-10-1　順送金型　上型

第 1 章　まずは金型の構造を理解する

す。下型の平面図は、ダイプレート側から描かれています。

補足説明 切刃形状：せん断加工に用いられるパンチの先端形状のこと。

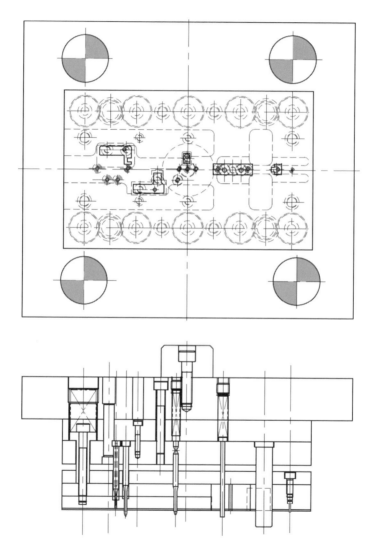

図 1-10-2　順送金型　上型断面図と平面図

1-10 実際の金型の構造

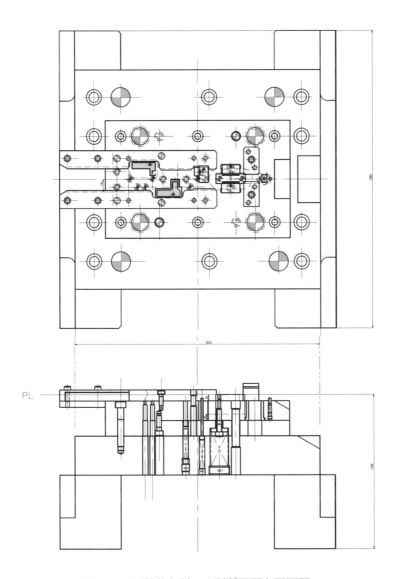

図1-10-3 順送金型 下型断面図と平面図

37

第 1 章　まずは金型の構造を理解する

図1-10-4　順送金型　下型

第2章

図面の基本を知る

第2章 図面の基本を知る

2-1

図面の役割と規格

▶ 図面の目的と機能

　モノづくり現場において図面は、設計、製作、組立、検査、販売などの現場で広範にわたって使用されます（図2-1-1）。プレス加工によって生産される製品の図面を「製品図」と呼びます。では、図面はどのような目的で使われるか考えてみましょう。

○様々な要件を満たすために検討する

　1つ目の図面の目的として、「製品をつくる際に様々な要件を満たすように検討するための資料」としての役割があります。

　製品を作るときには、設計者がオリジナルなものを頭の中に思い描き、それを作る場合もあれば、顧客のニーズに基づいて作りだすことも

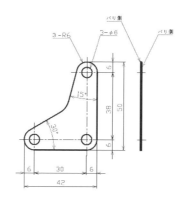

図2-1-1　製品図

あります。いずれにせよ、製品のイメージを他人に見えるようにすることが必要となります。この作業が製図であり、図面は1枚の用紙に製品の形状や大きさを表したものです。

しかし、ただ形状や大きさを思いつくまま描いたのでは品質やコストなどに影響が出ます。したがって、設計者は、製品の形状を用紙にラフなスケッチで描き、大きさや重量、材質などの仕様を決めていきます。

仕様がある程度決まったところで、「形状を作るためにどのように加工するか」「その加工でコストはクリアできるか」「強度は大丈夫か」など様々な要件を検討し、図面を作成していきます。この段階ではCADを使って作業を進めることが多くなっています。

○描き方、読み方のルールを決めて正確に読んでもらえるようにする

2つ目の図面の目的として、「第三者に製品の情報を正確に伝える」という役割があります。

設計部門で十分に検討、検証作業が行われた後に、製品の製作が行われます。このとき、設計部門から図面が製作現場へ渡されます。

図面の描き方を好き勝手に行ったのでは、製作現場はとても苦労することになります。時間を余分に費やしたり、間違って解釈して、異なるものをつくったりすることになるのです。

そこで、描き方、読み方のルールを決めて、正確に読んでもらえるようにします。このときに、主に製作現場において部品の製作用に使われる図面を「部品図」と呼びます。

また製品が製作された後に、複数の製品が組み立てられる際は、組立品の大きさや形状、各製品の数量などが必要となります。主に組立作業において使われる図面を「組立図」と呼びます（**図2-1-2**）。

▶ JIS規格と社内規格

ここまでで、設計部門から製造部門へ図面が渡される際に、描き方、読み方のルールを決めて、正確に読んでもらえるようにすることが必要

第2章　図面の基本を知る

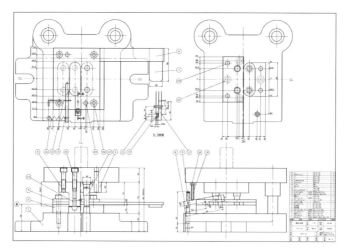

図2-1-2　順送金型組立図

であるとわかりました。では、そのルールは誰が決めるのでしょうか？自社で設計～製造～販売まで一貫して行うのであれば、自社でルールを決めることができます。

　しかし、他社に製造や組立を依頼する場合は、自社でルールを決めて運用することが難しいため、もっと広範で使うことができるルールが必要となります。図面を読むときに、設計部門が違う会社であっても、その解釈が正確に行えるようにしなければ製品が作れません。

　実はこのルールが地域単位で決められ、日本ではJIS規格が国の規格として制定されています。日本ではJIS規格に従って図面を描けば、正確に読んでもらえる仕組みがあるのです。

　では海外で生産した部品を輸入して、国内で組み立てる場合はどうなるのでしょうか？この場面では、それぞれの国で決められたルールをどう結び付けるかといった課題が発生します。国際的な取引が増加する中で、この課題を解決するために国際規格としてISO規格が制定されているのです。

補足説明 ISO規格：ISO規格とは国際標準化機構（International Organization for Standardization）が制定した規格。世界中のどこでも同一レベルの製品が使えるように、国際的な標準を決めて品質や互換性の確保、安全性などを保証している。

▶ JIS規格とはどのような規格か

　JIS規格は日本の工業製品に関する規格で、工業製品生産に関するものや、プログラムコードなどの情報処理に関するものが規定されています。例えば、乾電池の大きさやトイレットペーパーの直径などが規定されていることで、どのメーカーの乾電池を使っても、製品を問題なく使うことができるといった標準化を提供しているのです。

　このように、JIS規格は図面のみではなく、幅広い分野をカバーしていますが、ここではJISの中の図面の規格を紹介します。

　まず、JIS規格は表2-1-1に示すとおり、A～Zの記号を使って、複数の部門に分かれています。

　今回扱う製造業に関係する図面の規格は、記号Bと記号Zの2つの部門に規定されています。

表2-1-1　JIS規格の部門記号

記号	部門名	記号	部門名
A	土木及び建築	M	鉱山
B	一般機械	P	パルプ及び紙
C	電子機器及び電気機械	Q	管理システム
D	自動車	R	窯業
E	鉄道	S	日用品
F	船舶	T	医療安全用具
G	鉄鋼	W	航空
H	非鉄金属	X	情報処理
K	化学	Z	その他
L	繊維		

第2章　図面の基本を知る

▶JIS規格と社内規格

　図面のJIS規格は数多くありますが、図2-1-3に示すように、線の太さや種類、文字の大きさなど、どの図面でも共通する内容が記号Zの中のJIS Z 8310で規定されています。Zのうしろに続く4桁の数字は0001～9999まであります。

　さらに図2-1-4に示すように、コロン（：）に続けて年号を書くことがあります。この年号は制定された年、改正された年を表しています。JIS規格は数年を周期に規格の内容を検証し、その結果、改正されることがあります。そのため、いつの時代のJIS規格が適用されているかを明示することができるようになっているのです。このことは、表面性状記号（Rz, Ry）を読むときなどに必要となります。

　図2-1-3に示すように、JIS規格における図面全般の規格として、JIS Z 8310がありますが、さらに機械、建築などの分野に分けて、各分野

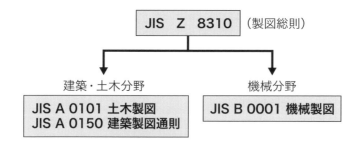

図2-1-3　図面に関するJIS規格

$$\text{JIS B 0001:2010}$$

制定年号
改正年号

図2-1-4　JIS規格の表記例

において細かく規定しています。

例えば、機械分野は記号Bに規定されており、機械製図の規格としてはJIS B 0001があります。

JIS規格では、形状の描き方や寸法の指示の仕方など細かいところまで規定していますが、国内でも様々なモノづくり現場がある状況で、企業グループや一企業の中で、図2-1-5、図2-1-6に示すようにJIS規格の描き方と異なる新たな描き方を考えて使っているものもあります。これらのルールをそれぞれ団体規格、社内規格と呼んでいます。

もし、これらの規格が存在する場合は、JIS規格よりも優先して使うことができると考えてよいでしょう。

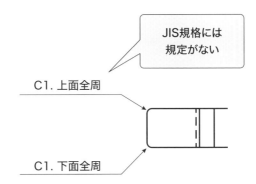

図2-1-5　JIS規格にない表記の例1

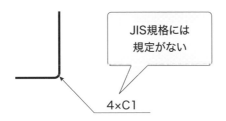

図2-1-6　JIS規格にない表記の例2

第 2 章　図面の基本を知る

2-2

図面の様式

▶ 製図用紙の大きさ

　図面に使われる用紙サイズは、A0～A4までのA列サイズを用いることがJISで定められています。

　基本的には、図面に描く製品の大きさに応じて用紙の大きさを決めます。**表2-2-1**と**図2-2-1**に、JISに定められている製図に用いる用紙のサイズを示します。

　また、長さが極端に長いものなどは、大きなサイズの用紙に描くと余白の部分が多くなり、結果、図面が読みにくいといった印象を持たれてしまいます。このような場合は、**表2-2-2**に示す特別延長サイズの用紙を選んで製図しても良いことになっています。この特別延長サイズは**図2-2-2**に示すように、用紙の長辺と長辺を繋げて使用します。

表2-2-1　A列サイズ（第1優先）

サイズ	用紙の大きさ（mm）
A0	841 × 1189
A1	594 × 841
A2	420 × 594
A3	297 × 420
A4	210 × 297

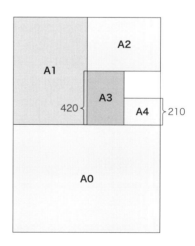

図2-2-1　A列サイズ（第1優先）

2-2 図面の様式

　図面は長辺が横方向になるように用いますが、A4だけは長辺が縦方向になるように用いることができます。

▶ 図面の様式（輪郭線）

　製図用紙に形状を描く際は、用紙の中央に描くと良いです。用紙の端の部分は破れや汚れの影響を受けやすいため、避けなければなりません。その範囲を明確にする目的で輪郭線が使われます。

　輪郭線は**図2-2-3**のように、形状を描く範囲を最小0.5mmの太さの実線で囲んで明示しています。このとき輪郭線は**図2-2-4**と**表2-2-3**に示すように、A0、A1の用紙サイズでは用紙の端から最小20mmの幅を

表2-2-2　特別延長サイズ（第2優先）

サイズ	用紙の大きさ（mm）
A3×3	420 × 891
A3×4	420 × 1189
A4×3	297 × 630
A4×4	297 × 841
A4×5	297 × 1051

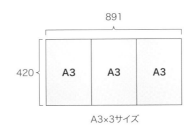

図2-2-2　特別延長サイズ（第2優先）

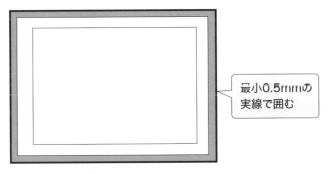

図2-2-3　輪郭線

第2章　図面の基本を知る

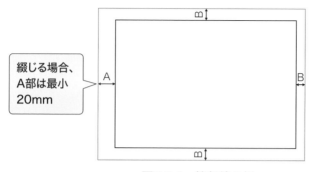

図2-2-4　輪郭線の幅

表2-2-3　輪郭線の幅

単位（mm）

用紙サイズ	B（最小）	A（最小）	
		綴じない場合	綴じる場合
A0	20	20	20
A1			
A2	10	10	
A3			
A4			

あけます。A2、A3、A4では最小10mmあけることが望ましいです。また図2-2-4のA部においては、綴じる場合の綴じ代として、どの用紙でも最小20mmの幅をあけます。

▶ 図面の様式（表題欄）

　図面には、図面枠以外に図の名前や作成者名、日付、尺度、投影法などの項目を一覧にして示す必要があります。これらの要素をまとめて表示できるようにしたものが表題欄です。

　表題欄は図面枠の右下部に書いて表します。このとき、中心マークも

同時に描いて図面を作成します（図2-2-5）。中心マークとは、複写するときの中心位置決めに利用することができるものです。

中心マークは、用紙の端から輪郭線の内側5mm程度のところまで、最小0.5mmの太さの実線で表します。

図面として成り立たせるためには、輪郭線と表題欄、中心マーク、これら3つの要素が必ず必要であるとされています。

表題欄の書き方は、JISでは横の長さが最大で170mm以下という制限を設けていますが、それ以外は定めていません。そのため、各会社で必要な情報を独自のフォーマットで描くことができます（図2-2-6）。

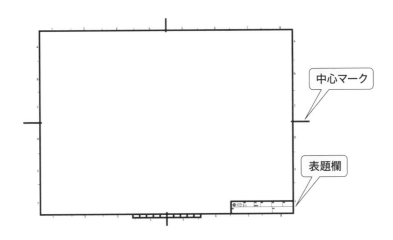

図2-2-5　表題欄と中心マーク

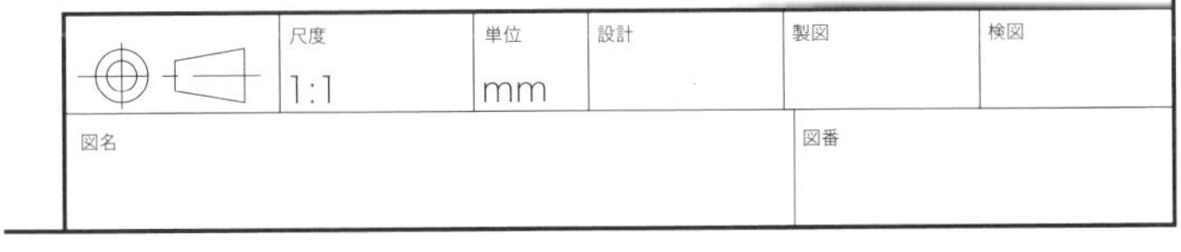

図2-2-6　表題欄のフォーマット例

第2章 図面の基本を知る

▶ 図面の様式（部品欄）

　複数の部品から成る金型は、組立図として表すことができます。このとき、金型は多数の部品によって組み立てられているため、その構成部品を明示する必要があります。

　まず部品1つひとつに照合番号と呼ばれる番号をつけて整理します。照合番号は図2-2-7に示すとおり、原則として数字で表し、円で囲んで書くことが多いです。このとき、対象となる部品形状と照合番号とを引出線で結んでおきます。また照合番号は、縦または横に並べて記入することで読みやすくします。

　組立図に書かれた照合番号の順序に従って、部品の名称、材料、個数などを一覧表で表したものが部品欄です。この部品欄から組立図と部品図の関連を読み取ったり、部品欄のデータを原価計算、質量計算に利用することもできるようになります。

　部品欄は、一般には図面の右上部か表題欄の上に書きます。このと

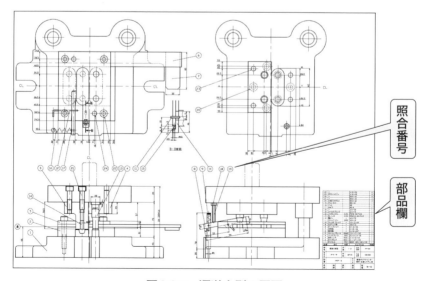

図2-2-7　順送金型の図面

き、各部品は照合番号順に書きますが、図面の右上部に書いた場合と表題欄の上に書いた場合とで書き方が変わるため、注意が必要です。

図2-2-8に示すとおり図面の右上部に部品欄を書いた場合は、上から下に順番に書きます。**図2-2-9**に示すとおり表題欄の上に部品欄を書いた場合は、下から上に順番に書きます。

品番	品名	材質	仕上げ寸法	個数
1	ダイセット		BB00 180×180×150	1
2	ダイブロック	SKD11	21×127×149	1
3	抜きパンチ	SKD11	61.5×54×81	1
4	パンチプレート	S50C	25×51.5×110	1
5	ストリッパプレート	SS400	13×117×149	1

図2-2-8　図面の右上部に部品欄を書いた例

5	ストリッパプレート	SS400	13×117×149	1
4	パンチプレート	S50C	25×51.5×110	1
3	抜きパンチ	SKD11	61.5×54×81	1
2	ダイブロック	SKD11	21×127×149	1
1	ダイセット		BB00　180×180×150	1
品番	品名	材質	仕上げ寸法	個数

型名			尺度	1:2		使用機械			
製品名			材料			生産数量			
図番					受注先				
承認		検図		設計		製図		型番	

図2-2-9　表題欄の上に部品欄を書いた例

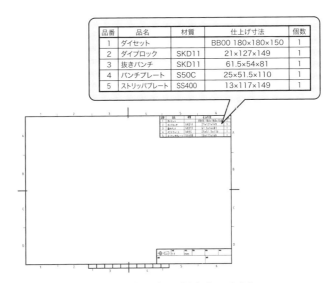

第2章　図面の基本を知る

▶ 推奨尺度は？

　図面に製品を描くときは、実物と同じ大きさで描くようにすることが望ましいです。したがって、製品の形状を描いて、寸法を入れることができる図面用紙の大きさを選択することになります。

　では、自動車の車体部品のように1,200mmを超える大きさのものはどうすればよいでしょうか？

　自動車の車体部品は長さ方向、幅方向ともに大きなものが多いので、特別延長サイズでも表せないことがあります。このような場合は、実物よりも小さく描いて表します。また、ICチップのように小さなものは、反対に大きく描いて表す方法が使われます。

　このように、実物とは異なる様々な大きさで描く場合もあるため、どれくらい大きくしたのか、もしくは小さくしたのかを、図面の表題欄に示します。この大きさの割合は尺度と呼ばれ、実物と同じ大きさで描いたものを現尺、実物よりも大きく描いたものを倍尺、実物よりも小さく描いたものを縮尺と呼んでいます（**図2-2-10**〜**図2-2-12**）。

　また、拡大、縮小の倍率は比で表され、**表2-2-4**に示すように拡大は2：1、5：1、縮小は1：2、1：5のように示されます。なお以前、尺度は分数で表されていて、コロン（：）をスラッシュで（／）表していました。

　JIS規格では**表2-2-5**に示すように推奨尺度が決められており、普段はこの尺度が使われることが多いです。

▶ 線の種類と用途

　図面は品物の形状を描く際には、見える部分をまず描きます。しかし、見えない部分（隠れている部分）を描かなければならないときはどう表すのでしょうか？　また、穴の中心位置を示したいときはどうすれば良いのでしょうか？　これらの要求は線の種類と太さを変えることで

2-2 図面の様式

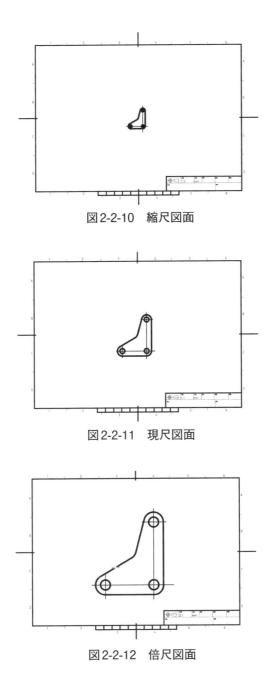

図2-2-10　縮尺図面

図2-2-11　現尺図面

図2-2-12　倍尺図面

表2-2-4　尺度の新旧表記の違い

	旧表記		現表記
倍尺	2/1	→	2：1
	5/1	→	5：1
縮尺	1/2	→	1：2
	1/5	→	1：5

表2-2-5　推奨尺度

種別	推奨尺度		
倍尺	50：1　　5：1	20：1　　2：1	10：1
現尺	1：1		
縮尺	1：2　　　1：20　　　1：200　　1：2000	1：5　　　1：50　　　1：500　　1：5000	1：10　　1：100　　1：1000　1：10000

区別できます。

　表2-2-6に線の太さを示します。線の太さは3種類あり、細線、太線、極太線と呼んでいます。これらの線は1：2：4の比率で描くことが決まっています。表2-2-7に示す線の太さの基準を使って、実際の大きさを決めます。例えば、細線を0.25mmと設定したとすると、太線は0.5mm、極太線は1mmとなります。

　ここで注意すべきことは、太さと濃さを混同してはならないことです。あくまでも色の濃さは同じでなければなりません。手描きの図面において、太線を濃く、細線を薄く描いてしまったものを見かけることがありますが、薄い線は見づらいため、きちんと濃くはっきりと描くことが大事です。

　線の太さが3種類あることがわかりましたが、これだけでは図面とし

て完成させるのに線種が足りないため、線のパターンを変えて種類を増やします。表2-2-8に示すとおり、線の種類は4種類あり、実線、破線、一点鎖線、二点鎖線があります。

　線の太さと線の種類を組み合わせて使うことで、表2-2-9～表2-2-12に示すように様々な表現ができるようになっています。

表2-2-6　線の太さ

線の太さ	比率	太さの具体例(mm)	表し方
極太線	4	1	━━━━━
太線	2	0.5	────
細線	1	0.25	────

表2-2-7　線の太さの基準

線の太さの基準		
0.13mm	0.35mm	1mm
0.18mm	0.5mm	1.4mm
0.25mm	0.7mm	2mm

この表の9種類の中から、すべての線の太さを選択します。

第2章　図面の基本を知る

表2-2-8　線の種類

線種	表し方
実線	────────
破線	－ － － － － －
一点鎖線	── － ── － ──
二点鎖線	── －－ ── －－

表2-2-9　外形線～引出線の名称と使い方

線の名称	線の種類	線の使い方
外形線	太い実線	立体形状の見える部分を表すのに使用する
寸法線	細い実線	寸法の記入に使用する
寸法補助線		寸法記入の際に寸法を指示する端の位置を示すために引き出して使用する
引出線		寸法や記号などを示すために引き出すのに使用する

表2-2-10　かくれ線～ピッチ線の名称と使い方

名称	線の種類	用途
かくれ線	細い破線 または 太い破線	立体形状の見えない部分を表す
中心線	細い一点鎖線	・図形の中心を表す ・中心が移動する軌跡を表す
基準線		特に位置決定のよりどころであることを明示する
ピッチ線		繰返し図形のピッチをとる基準を表す

2-2 図面の様式

表2-2-11 破断線～切断線の名称と使い方

名称	線の種類	用途
破断線	不規則な波形の細い実線またはジグザグ線	立体の一部をやぶった、または取り去った境界を表す
切断線	細い一点鎖線で端部および方向の変わる部分を太くしたもの	断面図を描く際に切断した位置を図に表す
想像線	二点鎖線	・加工前、加工後または組み立て後の形状を参考として示す ・隣接部の部品などの形状を必要に応じて示す ・部品の可動範囲の端点を示す

表2-2-12 ハッチング～特殊な用途の線の名称と使い方

名称	線の種類	用途
ハッチング	細い実線で規則的に並べたもの	特定の部分を他の部分と区別する 例えば断面図の切り口などがある
特殊な用途の線	細い実線	・外形線およびかくれ線の延長を表す ・平面であることを示す ・位置を明示または説明する
	極太の実線	薄肉部の単線図示をする

2-3 投影法とは

▶ 投影法の種類（正投影）

　製品の図面を作るとき、どのように形状を描けばよいでしょうか。ここで使う手法が「投影法」です。では、具体的に描き方を確認していきましょう。

　まずは、作りたい製品を考えて、頭の中にイメージしてください。イメージができたら、誰かにその製品を作ってもらいたいと仮定して、どうすれば作ってもらえるかを考えてみましょう。

　このときに必要なことは、「作ってもらう製品の情報をどのように伝えるか」であり、そのために「まず情報として何が必要か」「それをどのような手段で伝えるか」を考えましょう。

　情報として必要なものは「形状」「大きさ」「重さ」などが挙げられ、手段として考えられるのは「絵を描く」「言葉で伝える」などです。ここでのポイントは、「相手に伝えること」です。

　「図面を使わずに伝えてみて！」と言っても、なかなか難しいことがわかります。言い換えると、『図面を使う』＝『伝えることが容易になる』ことがわかります。

▶ なぜ図面は容易に伝えることができるのか？

　製品は一般に高さ、幅、奥行きの3方向に長さを持つ3次元の立体です。特に機械製品は多くの部品が組み立てられて、その機能を果たすことが多いので、形状と大きさ（長さ・角度）が重要になります。これらの情報があいまいになると組み立てができなかったり、機能が果たせなかったりします。

あいまいさをなくして、形状や大きさを正しく描くことで、図面を読む人に必要な情報を正確に伝えます。その結果、余分なものが取り除かれることから、わかりやすく伝えられるようになります。

このとき、「投影法」と呼ばれる方法を使うとわかりやすいです。

投影法は**図2-3-1**に示すように、まず製品を透明の箱に入れて、箱の外側から見える形状を線でなぞります。この作業は各面（六面）ごとに行います。製品の面が箱の面と平行になるように配置すると描きやすくなります。

図2-3-2のように箱の面（投影面）に対して視線（投影線）を直交させるように見ることで、立体の形状や長さ、角度などを正確に写しだすことができます。機械製図でよく使われる方法です。

投影面と製品の面が平行でないときは、円形が楕円形に見えたり、長さが実際の長さと違ってきたりするので注意が必要です。

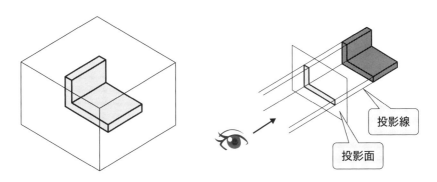

図2-3-1　透明の箱の中に入れた製品　　図2-3-2　正投影

第2章　図面の基本を知る

▶第三角法

　投影法では、製品の後方に投影面が配置されるものもあります。

　図2-3-3に示すように、第1角と第3角と呼ばれる場所に製品が置かれ、その場所の違いによって、投影面の場所が変わってきます。ちなみに第3角に製品を置く方法が第三角法と呼ばれ、日本や米国などで使われている考え方です。第1角に製品を置く方法は第一角法と呼ばれ、欧州や中国などで使われている考え方です。

　まずは第三角法について確認していきましょう。第3角に製品を置いたイメージを**図2-3-4**に示します。　第3角に置いた製品を図2-3-4の矢

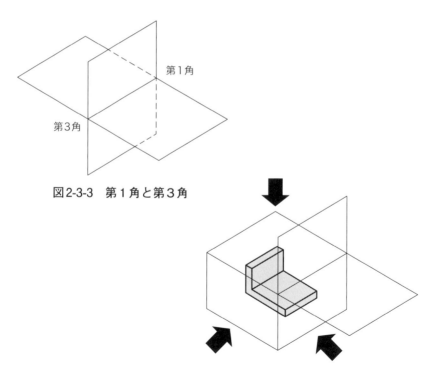

図2-3-3　第1角と第3角

図2-3-4　第3角に製品を置いたイメージ

印の向きで眺めると、製品の手前に投影面（正面図、平面図、右側面図）があることがわかります（**図2-3-5**〜**図2-3-7**）。各面ごとに見える形状を正確に書き写していくことで、図面を完成させます。

図2-3-8は第3角に製品を置いて、投影面に形状を描いた状態を表したものです。この状態から箱を展開して並べたものが**図2-3-9**であり、全部で6つの形状が描けることがわかります。これが「投影図」と呼ばれるものです。

図2-3-9をよく見てください。面ごとに描いた図形を展開して並べてみると、全部で6つの図が並びます。正面図と背面図は左右が反転しているだけであること、平面図と下面図、右側面図と左側面図は一部の線の種類が実線と破線で異なっていることを除けば、ほぼ同じ形状であることがわかります。

そこで、似ている図を排除してわかりやすくするために、必要な図と

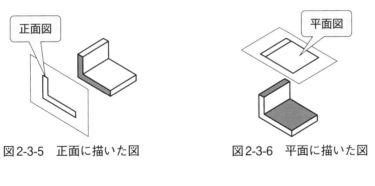

図2-3-5　正面に描いた図　　　図2-3-6　平面に描いた図

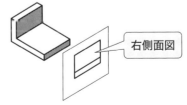

図2-3-7　右側面に描いた図

第2章　図面の基本を知る

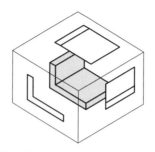

図2-3-8　第3角において投影面に形状を描いた例

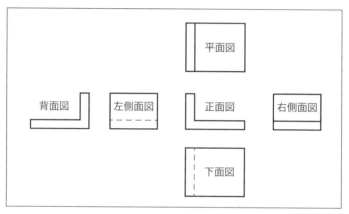

図2-3-9　第3角において図を展開して並べたイメージ

不必要な図の選別を行います。この作業では、はじめに立体の顔ともいうべき図を選びます。この図を正面図あるいは主投影図と呼びます。この図だけで製品を作ることができると判断できれば、図は1つだけで図面は完成です。しかし、図が1つだけではわからないため作れないとなれば、もう1つ図を追加します。この作業をわかるまで繰り返します。

このときのポイントは、図は多ければよいというものではないことで

2-3 投影法とは

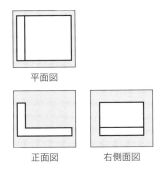

図2-3-10　第三角法で描いた三面図

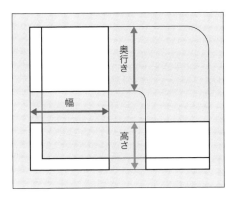

図2-3-11　幅、高さ、奥行きの長さ

す。つまり「理解を妨げない程度に図の数は少なくする」ことです。

　図2-3-10は必要な図だけを選び抜いた例です。このとき、図2-3-11のように正面図と右側面図では高さが一致し、正面図と平面図では幅が一致し、平面図と右側面図では奥行きが一致します。

第2章　図面の基本を知る

▶第一角法と投影法の図記号

　第三角法と第一角法について、改めて確認してみましょう。

　第一角法は製品が第1角に置かれます。**図2-3-12**に製品が第1角に置かれたイメージを示します。

　第三角法と第一角法の2つの違いは、**図2-3-13**に示すように投影面が製品の前にあるか、うしろにあるかです。このことは形状が投影された面を展開したときに影響があり、**図2-3-14**に示すように第三角法で平面図と呼ばれていた上方向から見た図が、第一角法では正面図の下側に配置されます。また、第三角法で右方向から見た右側面図が、第一角法では正面図の左側に配置されます。上下、左右それぞれ逆に配置されることになるのです。

　第一角法で描かれた図面を、誤って第三角法の解釈の仕方で読んでしまうと、まったく違う製品ができてしまう恐れがあります。見た目では、気づきにくい、わかりにくいこともあるため、一般に**図2-3-15**に示す図記号を表題欄に記します。

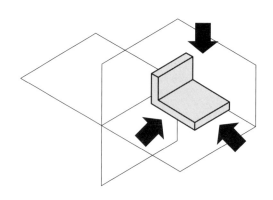

図2-3-12　第1角に品物を置いたイメージ

2-3 投影法とは

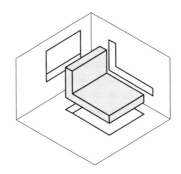

図2-3-13　第1角において投影面に形状を描いた例

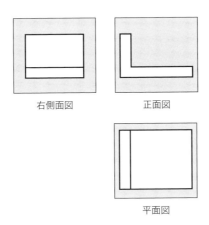

図2-3-14　第一角法で描いた三面図

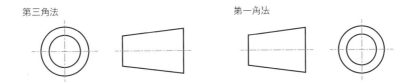

図2-3-15　第三角法と第一角法の図記号

第2章 図面の基本を知る

▶第三角法の事例　その1（最小限の図で表す）

　第三角法の考え方を確認しながら、図2-3-16に示すような製品の図面を作成してみましょう。

　まず図面を作り始めるときに考えることは、製品の正面図をどの面で描けば良いか？です。正面図はその製品を一番わかりやすく表現した図であり、図面の中でも主となるものです。正面図の選び方次第で図面全体の印象が大きく変わってくるため、とても重要な作業となっています。この図を「主投影図」と呼びます。

　しかし、はじめて図面を描くときに、この図が正解であると断言することはなかなか難しいのではないでしょうか。そこで、たとえ正解ではなかったとしても、自分で考えてみて一番わかりやすいと思った図を1つ選んで描いてみることをおすすめします。まずは描いてみて、続く作業を進めていくうちに、それが正解だったのか、それとも違っていたのかに気がつくことができるようになります。

　この作業の積み重ねを行うことで、いわゆるベテランと呼ばれる領域に近づくことができるのではないでしょうか。

　ここでは、例として図2-3-17を主投影図にしたと仮定します。次のステップでは、この主投影図だけで製品が作れるかを考えます。

　図2-3-17では、幅と高さの長さはわかりますが、奥行き方向の長さと形状がわからないため、この図だけでは製品を作ることができないと

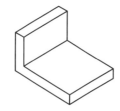

図2-3-16　品物の立体イメージ

図2-3-17　主投影図

いう判断になります。

そこで奥行き方向の長さや形状を表すために、それらの情報を表すことができる図を1つ追加します。**図2-3-18**や**図2-3-19**のように描くと、奥行き方向の形状や大きさが明確になるのではないでしょうか。

ここでもう一度、この2つの図で製品が作れるかを考えます。

「長さがわからないところがないか」「形状はきちんと伝えられるか」を検討し、この2つの図で作ることができるという判断になれば、図はこれ以上追加する必要はありません。今回の場合、追加する図は、右側面図、平面図のどちらでも良いです。

描画する図は必要最小限の個数で描けるように心がけて、簡潔明瞭に表すことが要求されます。

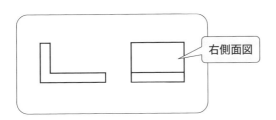

図2-3-18　右側面図を追加した例

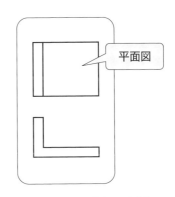

図2-3-19　平面図を追加した例

第２章　図面の基本を知る

▶第三角法の事例　その２（面取りを施す場合）

　基本的な流れが理解できたところで、さらに条件を追加してみましょう。まず、**図2-3-20**のように角部に面取りを施す場合はどのように描けば良いのでしょうか？

　図2-3-21では、面取り部の表現が不足している部分があるため、図面を読む人が異なる形状をイメージしてしまう可能性があります。これは、あいまいさが残っている証拠といえます。

　したがって、**図2-3-22**の描き方のほうが良いという判断になります。

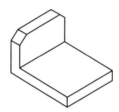

図2-3-20　面取りを施した製品の立体イメージ

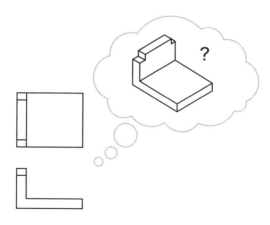

図2-3-21　面取り箇所の描き方の例1

2-3 投影法とは

では、**図2-3-23**のように底面にも面取りを施す場合はどのように描けば良いでしょうか？

この場合は2つの図だけでは情報が不足してしまうため、もう1つ図を追加することを検討します。**図2-3-24**に示すように平面図を追加するなどして、3つの図を使って表すほうが良いという判断になります。

3つの図を描くときは、正面図と平面図の幅、正面図と右側面図の高さ、平面図と右側面図の奥行きは必ず一致するように描き、お互いの位置関係は同一線上になるように描きます。

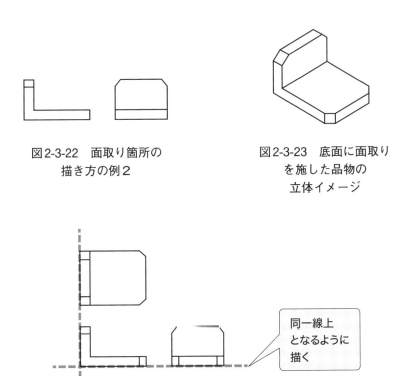

図2-3-22　面取り箇所の描き方の例2

図2-3-23　底面に面取りを施した品物の立体イメージ

図2-3-24　底部面取り箇所の描き方の例

第 2 章　図面の基本を知る

▶第三角法の事例　その3（かくれ線、中心線を使う）

　では、図2-3-25のように底面に四角形の穴をあける場合はどのように描けば良いでしょうか？　これは図2-3-26に示すように、穴の形状を平面図に描いて表すことができます。

　では、これで十分といえるでしょうか？　不足している情報がないかを考えます。すると、穴の深さがわからないことに気づきます。

　そこで、穴の深さを示すためにはどうすれば良いかを考えて、かくれ線を使って示すことができないか検討します。図2-3-27にかくれ線を使って表した例を示します。この図は穴の見えない部分をかくれ線で図

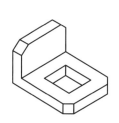

図2-3-25　底面に四角形の穴をあけた製品の立体イメージ

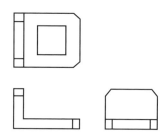

図2-3-26　四角形の穴の描き方例

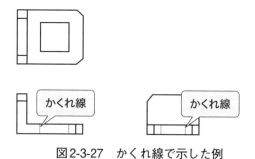

図2-3-27　かくれ線で示した例

2-3 投影法とは

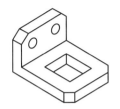

図2-3-28　左右対称の穴をあけた品物の立体イメージ

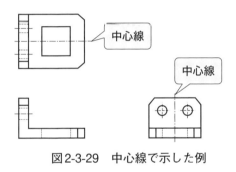

図2-3-29　中心線で示した例

示してあり、穴が貫通していることを示しています。

　では、図2-3-28のように左右対称に穴をあける場合はどのように描けば良いでしょうか？　これは図2-3-29に示すように、2つの穴の真ん中に中心線を一本描くことで、左右対称であることを示すことができます。さらに四角形の穴も真ん中にあけるのであれば、図2-3-29のように中心軸にあたる場所に中心線を描くことで、その意図を示すことができます。穴の中心位置も同様に、中心線を直交させて交点にあたる位置を中心位置として示します。

　その他、中心線は基準線として使う場合もあり、とてもよく使う線種の1つです。

第 2 章　図面の基本を知る

▶第三角法の事例　その 4（円筒形状の表し方）

図 2-3-30 のような円筒形状は、どのように描けば良いでしょうか？これは図 2-3-31 に示すように、正面図と右（左）側面図を描いて表すことができます。この形状は材料を回転させながら切削して製作することが多いため、中心線を描いて中心軸を表します。

また、円筒の場合は特段の理由がない限り、側面図は円形に見えるため、図 2-3-32 に示すように直径という意味を持つ寸法補助記号 φ を用いて、側面図を省略することが多いです。

では、図 2-3-33 のような段付き丸棒はどのように描けば良いでしょうか？ これは図 2-3-34 に示すように、正面図だけを描き、あとは直径が異なる部分にそれぞれ寸法補助記号を使って直径値を指定することで示すことができます。

図 2-3-30　円筒の立体イメージ

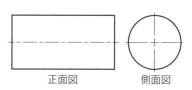

図 2-3-31　円筒の図面例

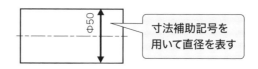

図 2-3-32　右側面図を省略できる例

図 2-3-33　段付き丸棒の立体イメージ

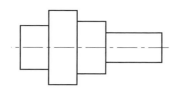

図 2-3-34　段付き丸棒の図面例

▶ 第三角法の事例　その5（一部平らな部分がある丸棒の表し方）

では、図2-3-35のような一部平らな部分がある丸棒は、どのように描けば良いでしょうか？

これは図2-3-36に示すように、正面図を描き、平らな部分に細線で対角線を描きます。さらに右側面図を描いて、「平らな部分が片側に1つだけしかないのか、それとも左右対称に2つあるのか」を示しておくとわかりやすいでしょう。

では、図2-3-37のように、大きさが極端に異なる2つの穴が直角に交わる丸棒は、どのように描けば良いでしょうか？

これは図2-3-38に示すように、正面図を描き、かくれ線で穴の形状を表現する方法が考えられます。ただし、かくれ線は細線の破線であるため、見づらくなる恐れがあります。そこで「一部分だけを破って中身が見えるようにした断面」という表現の仕方で表します。

このときに使われるのが、ハッチングと破断線であり、ともに細い実線で表します。

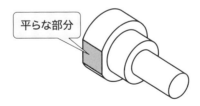

図2-3-35　一部平らな部分がある丸棒の立体イメージ

第2章　図面の基本を知る

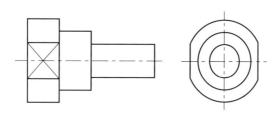

図2-3-36　一部平らな部分がある丸棒の図面例

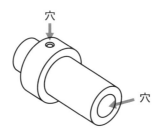

図2-3-37　2つの穴が直交する丸棒の立体イメージ

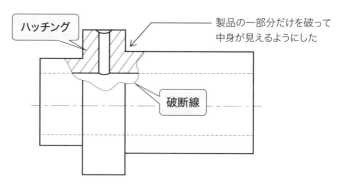

図2-3-38　2つの穴が直交する丸棒の図面例

2-3　投影法とは

▶投影法の種類（プレス製品の表し方）

図2-3-39にプレス製品の図面例を示します。この図をよく見ると、バリ側の表記や材料幅の表記が見られます。

一般にこの製品を図面に描くときは正面図だけを描き、材料板厚を寸法で記しておけば良いです。しかし図2-3-39の場合、バリ側を指定したいため、右側面図を追加してバリ側の指定をわかりやすくしています。

図2-3-39では、Aが外側形状のバリ面を、Bが穴のバリ面を表しています。互いに逆方向になっていることから、外形抜きパンチと穴あけパンチがそれぞれ反対側の型にあることを意味しています。

また、材料幅65mmとありますが、これはブランクの幅が65mmを想定していることと、順送金型を使う場合はコイル材の幅が65mmであることを示しています。

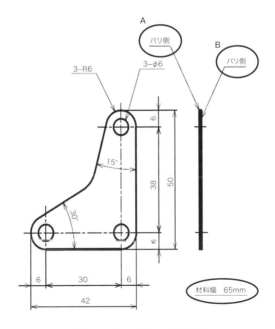

図2-3-39　プレス製品図

第2章　図面の基本を知る

　図2-3-40に順送金型のブランクレイアウト図を示します。なお、図2-3-40のFPという表記は送りのピッチを示しており、送り量が31mmという意味です。

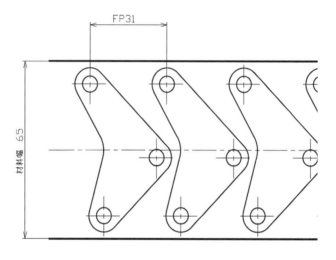

図2-3-40　ブランクレイアウト図

第3章

金型図面の読み方

第3章 金型図面の読み方

3-1 金型図面の配置

　プレス金型の図面は、JIS規格とは異なる配置で描かれている場合があります。特に手書きで図面を描いていた時代は、多くありました。金型の大きさや加工する形状によっても描き方が異なります。

▶ JIS規格の図面配置

　JIS規格における図面の配置は、図3-1-1に示すように、「正面図」があり、その上側に「平面図」、右側に「右側面図」が描かれます。金型をJIS規格に準じるように描くと、図3-1-2のようになります。このような図では、金型の最も重要な部分である「パンチ」と「ダイ」が描かれません。描くとしても「かくれ線」で描くことになり、金型において一番重要な部分が不鮮明になってしまいます。

▶ 金型設計過程で描かれる図面

　金型設計の流れを図3-1-3に示します。金型の設計過程において描かれる図面は、「製品図〜展開図〜アレンジ図〜ブランクレイアウト図〜ストリップレイアウト図〜金型図面」の順に描かれます。そして金型の情報は、設計の各段階を経て、設計者の頭の中で詳細化されていきます。

　金型設計は、製品図などから製品の仕様を明らかにすることから始まります。最初に、製品を加工する部分（パンチとダイの部分）のおおよその形状が決まってから、その周辺の形状が決まります。

　ストリップレイアウト図は、順送金型で加工を行う場合の加工内容と加工順序を示した図であり、これをもとにパンチやダイなどの主要な部品の配置や構造が決まります。

3-1 金型図面の配置

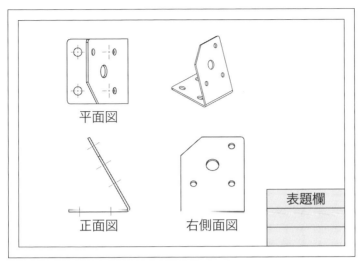

図3-1-1　JISにおける図面の配置

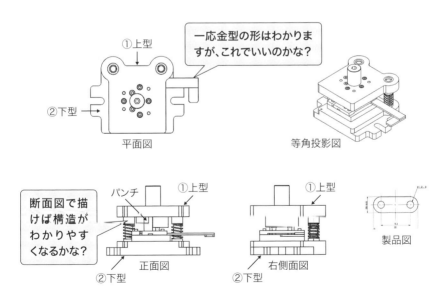

図3-1-2　JISに準じた金型の三面図

第3章　金型図面の読み方

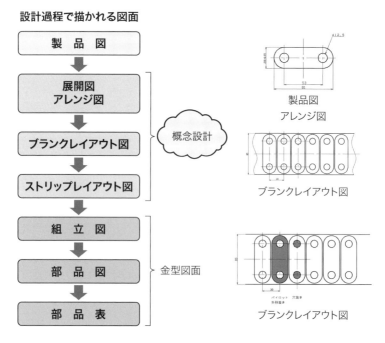

図3-1-3　金型設計の流れと作成される情報

▶組立図の描かれ方

　プレス金型の一番重要な機能は、「仕様を満たすような製品を加工する」ことです。プレス金型の設計者は、プレス加工製品の仕様を読み取り、仕様を満たすような加工が行われるように、金型の仕様を考え出します。製品の仕様を満たす加工ができるか否かは、加工工程を示した図（レイアウト図またはストリップレイアウト図）を見ればわかります（図3-1-4）。

　そして金型の組立図では、加工を行う部分がよく理解できるように描かなければなりません。組立図では、上型の断面図と平面図、下型の断面図と平面図の4つの図が必要です。

　このとき断面図では、上型と下型を組み合わせた状態で描くことが多

いです。一方、平面図では、刃先の様子がわかるように、刃先から見た方向で描かれることが多いです。そのため上下の型を切り離し、別々に描かれます（**図3-1-5**）。

平面図の向きは、下型は金型を分離しそのまま平面図にすればよいのですが、上型は重要な部分を鮮明に描くには、上型をひっくり返してパンチの形状が見えるように描いたほうがよいです。

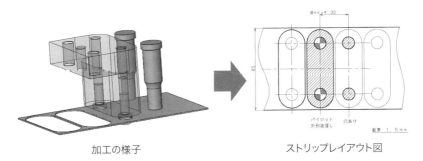

図3-1-4　加工工程とレイアウト図

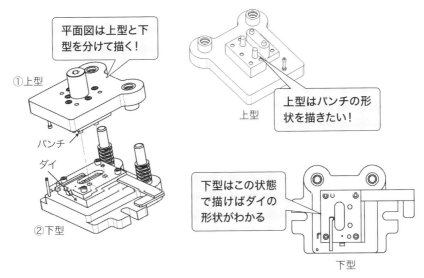

図3-1-5　金型の平面図

第3章　金型図面の読み方

▶ 上型と下型の対応関係に注意する

金型は、上型と下型が関係精度を保ち運動することで加工が行えるので、別々に描かれた図においても、上型と下型の対応関係には注意する必要があります。金型の配置については特に決まったルールはなく、会社ごと、または金型ごとに図面の配置が異なる場合があります。その場合はどのような位置関係で描かれているか、図面を読む側が判断しなければなりません。

▶ 図面配置の例「前後に反転した場合」

ここで金型図面の配置について、いくつかの例を紹介します。

上型を刃先から見た方向で描く場合、図3-1-6に示すように「A：前後に反転」した状態で描く場合と、「B：左右に反転」した状態で描く場合の2通りがあります。

「A：前後に反転」した場合の図面を図3-1-7に示します。この場合、

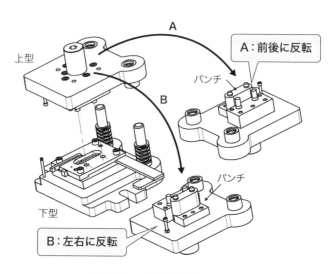

図3-1-6　上型の描き方

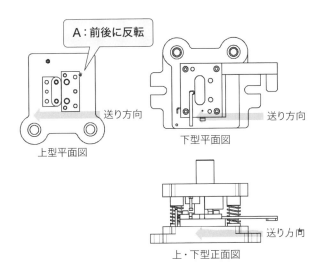

図3-1-7 「A:前後に反転」した場合の図面

送り方向が3つの図とも同じ方向となります。

▶図面配置の例「左右に反転した場合」

図3-1-8に「B:左右に反転」した場合の図面を示します。この描き方の場合、上型の左右の関係が他の投影図と逆になるので、読む場合も注意が必要です。

▶図面配置の例「順送金型の場合」

図3-1-9は、上型と下型を正面図(断面図)においても別々に描いた図面の例です。1つの型で多くの加工を行う順送金型では、上型と下型を組み合わせた状態で描くと複雑になります。このような場合は、上型と下型を分けて描いたほうがわかりやすくなるため、読む側もその点を頭に入れておくとよいでしょう。

第3章 金型図面の読み方

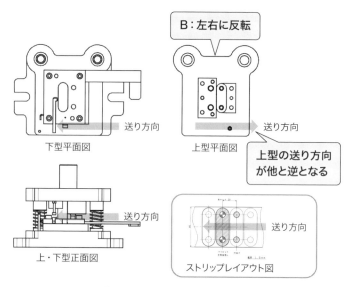

図3-1-8 「B：左右に反転」した場合の図面

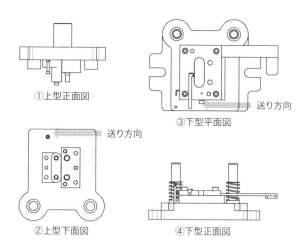

図3-1-9 上下の金型を別々に描いた場合の図面

▶ 金型組立図の例

図3-1-10に実際の金型の組立図の例を示します。

断面図では、パンチやダイの重要な部品を優先的に描き、標準化された構造に関しては必要最低限で描かれています。

組立図には詳細な寸法までは記入されず、上型と下型の平面図には送りピッチや基準の位置およびプレートの大きさなどが記入され、正面図（断面図）にはプレートの厚さや送り高さやダイハイトなどの主要な寸法が記入されます。

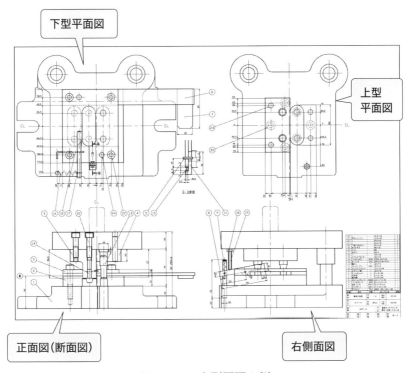

図3-1-10　金型図面の例

第3章 金型図面の読み方

3-2
補足する投影図

　ここからは、金型の図面を読解するにあたり必要となるJIS規格の製図法について解説します。

　立体を平面上に表すには、いろいろな投影法があります。JIS機械製図では第三角法で描くこととしていますが、第三角法の表現では形状によっては理解できない場合があります。その場合、主たる投影図を補足する投影図を描くことがあります。補足する投影図には、補助投影図、部分投影図、局部投影図および回転投影図があります。

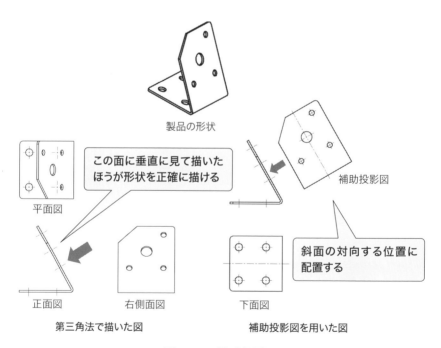

図3-2-1　補助投影図

3-2 補足する投影図

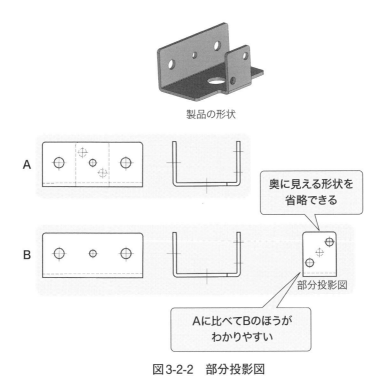

図3-2-2　部分投影図

▶ 補助投影図

　図3-2-1に示すように、傾斜部を示す際は、正面図だけでは製品の形状や機能や寸法を表現しにくくなります。穴は楕円となり、穴と穴の距離は正確な寸法ではなくなってしまいます。このように、斜面の正確な形状を図示したい場合は、補助投影図を描く必要があります。

▶ 部分投影図

　形状を把握するために、補足する投影図に製品全体を描く必要がない場合は、図3-2-2のBに示すように、部分投影図として必要な部分のみを描きます。

▶ 局部投影図

製品の穴やキー溝などは、**図3-2-3**に示すように、局部投影図として、その局部だけを描き、他の部分は描きません。このとき、本体との投影関係を中心線・基準線・寸法補助線などで結んで表しています。

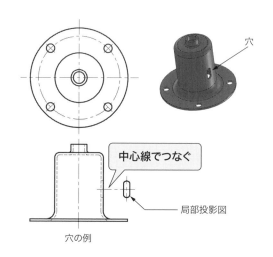

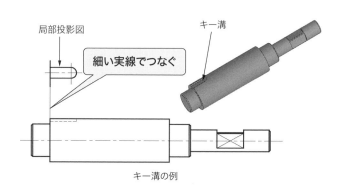

図3-2-3　局部投影図

3-3
補足する投影図の表し方

　プレス金型の設計・製作において、用いられる図面にはいろいろな種類があります。プレス加工する製品の図面や金型図面に加え、アレンジ図、展開図およびレイアウト図（ストリップレイアウト図）などがあります。

▶ アレンジ図

　アレンジ図は、具体的にどのように加工するかを考え、製品図に加工の「ねらい値」や、プレス加工を意識して製品形状をアレンジした結果を示したものです。

▶ 展開図

　曲げ加工や絞り加工においては、板を曲げたり、伸ばしたり、縮めたりして材料の形状が変化します。その加工による変形を考慮して描いた図を展開図といいます（図3-3-1）。

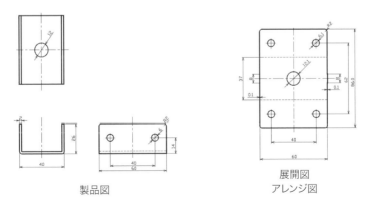

製品図　　　　　　展開図　アレンジ図

図3-3-1　展開図

第3章　金型図面の読み方

展開図は加工時における材料の位置決めや材料取りのために、加工する前の平らな板の状態で描きます。

補足説明 ねらい値：加工する際に、公差や加工精度を考慮して決める加工設定値のこと。

▶ストリップレイアウト図の描き方

図3-3-2にストリップレイアウト図の例を示します。切刃は網掛けや塗りつぶしで表し、パイロットする穴はマークを付けます。

ストリップレイアウト図におけるパンチの形状や加工の内容などの描き方は、各企業によって異なっているので、ストリップレイアウト図と実際の金型を見比べて、自社における描き方を身につけていただきたいと思います（第1章1-4節参照）。

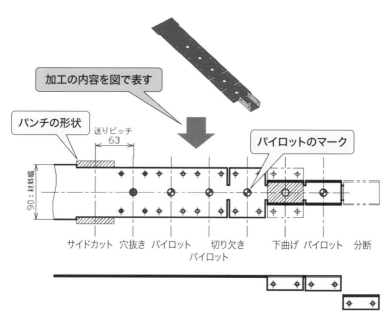

図3-3-2　ストリップレイアウト図

3-4

金型の断面図示法

▶ 断面図示にはプレス金型独自の描き方がある

プレス金型では、すでに述べたように、正面図は断面図示するのが一般的です（図3-4-1）。金型図面では、図3-4-1に示すような全断面図や、階段断面図がよく用いられます。また部品図や部分投影図においては、部分断面図などが用いられます。

断面図は、図を描く人（製品設計者など）が仮想的に品物を切断し、切断した状態を図示します。そのため、図示方法を間違えると形状が正確に伝わりません。図を描く人も、断面図示に関する知識はしっかりと理解する必要があります。

JIS規格には、全断面図、片側断面図、部分断面および回転図示断面図などがあります。ここでは金型図面でよく用いるものを紹介します。

金型の断面図示方法は、基本的にはJIS機械製図における断面図示の

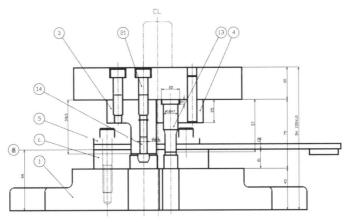

図3-4-1　金型の組み立て断面図（正面図）

第3章 金型図面の読み方

規定に合わせて描かれますが、プレス金型独自の描き方もあるので、金型の構造を読み取るには、ある程度の慣れが必要になります。

▶ 見えない部分が重要

金型において一番重要な部分は、外からは見えない場合が多く、重要な部分を明瞭に描くためにも断面図示は重要です。

断面図で、外からは見えない部分を図示する場合、かくれ線が用いられます。しかし、図面に多くのかくれ線が描かれると、図3-4-2に示すように理解しにくい図面となってしまいます（第2章2-3節参照）。

また、どの位置で切断するかによって、理解しやすい図になったり、理解が難しい図になったりします。そのため図面を描く場合は、断面の位置についてもよく検討する必要があります。

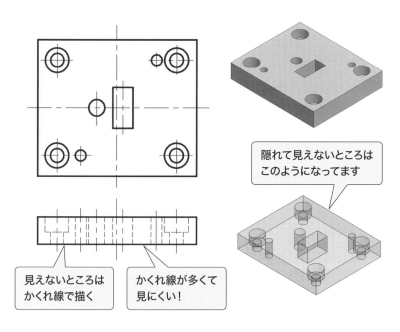

図3-4-2　断面図示によらない投影図

3-5 断面図

▶ JIS規格の断面図示

　まずは断面図示の基本となるJIS規格の断面図示について解説します。

　断面図示では、切断面の位置を示すために原則、**図3-5-1**のように表示します。しかし、切断面と断面図の対応が明らかなときは、表示方法の一部または全部を省略できることになっています。金型図面では、省略されることが少なくありません。例えば図3-5-1では、製品を中心線の位置で切断しています。このような断面図を全断面図といいます。

　断面図を描く場合は、**図3-5-2**に示すように、断面の先に見える線は省略してはいけません。

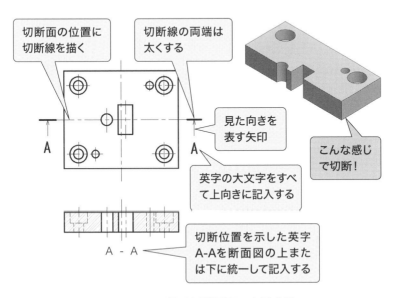

図3-5-1　切断面と断面図の表示方法

第3章　金型図面の読み方

　プレス金型の場合、1枚の断面では金型の特徴を表すことができないので、通常は複数の断面を組み合わせて階段状に切断し、断面図示します。この場合、複数の断面を組み合わせたことを表すため、切断線の方向が変わる部分も太い線で表しています（**図3-5-3**）。

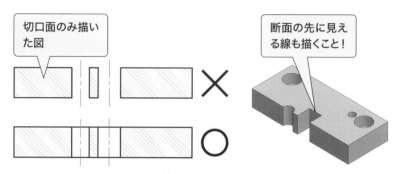

図3-5-2　断面図と先に見える形状

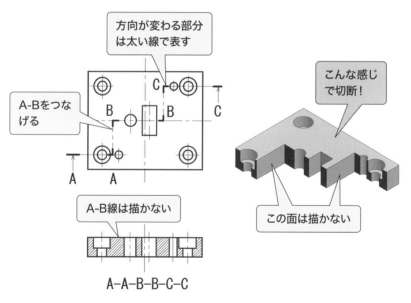

図3-5-3　階段状に切断した断面図

▶ 部分断面図

図3-5-4に示すように、図形のほとんどの部分の外形を描き、必要とする部分の一部だけを断面図として描くことができます。このような図を部分断面図といいます。

▶ 片側断面図

対称な製品において、対称中心線を境にして外形図の半分と全断面図の半分を組み合わせて図3-5-5のCのように図示することがあります。このような断面図を片側断面図といいます。また描く場合、図面の理解に問題がなければ、かくれ線は省略したほうが見やすくなります。

▶ 図面で切断しないもの

JIS規格において、原則として軸、ピン、ナット、座金、小ねじ、止めねじ、リベット、キー、テーパピン、車のアームおよび歯車の歯などは、長手方向に切断しないと規定しています。

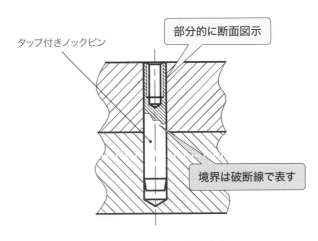

図3-5-4　部分断面図

第3章　金型図面の読み方

　プレス金型においても図3-5-6に示すように、丸パンチやパイロット、ピンなどは切断せずに描きます。

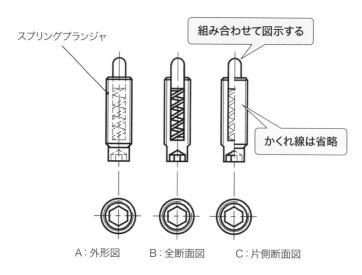

図3-5-5　片側断面図

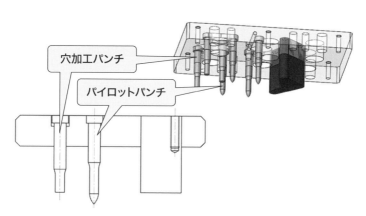

図3-5-6　切断しないもの

▶ ハッチングとスマッジング

描かれた図形が切断した面であることを示す場合は、断面図に現れる切り口にハッチング（hatching）を施すことがあります。ハッチングは図3-5-7のAに示すように、中心線または外形線に対し45°傾いて細い実線を等間隔にひきます。同じ切り口には同じハッチングが施されています。部品が隣接している場合は、ハッチングは線の方向や間隔を変えて区別しています。

広い面にハッチングする場合などには、外形線に沿った部分のみに適当な範囲でハッチングを施す場合もあります（図3-5-7のB）。

図3-5-7のCは、スマッジングといい、切り口全体に塗りつぶしを施す方法です。トレーシングペーパーに手書きで製図していた時代は、トレーシングペーパーの裏側に赤鉛筆でスマッジングを施していました。

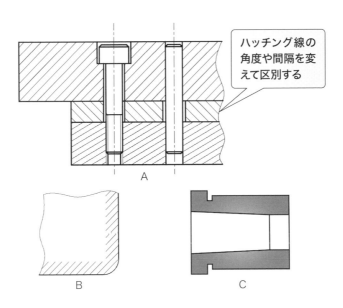

図3-5-7　ハッチングとスマッジングの例

第3章　金型図面の読み方

▶ 金型独自の断面図示

プレス金型の正面図は断面図示されますが、順送金型のように1つの金型の中に多くの部品が組み込まれている場合はどう図示されるでしょうか。

基本的には、パンチやダイが優先的に描かれ、ボルトやノックピンなどの小物の標準部品は省略して描かれることが多いです。ボルトやピンの位置や数は、正面図（断面図）を見ただけでは正確に把握することができないので、平面図や部品表などを参照して確認しなければなりません。

図3-5-8は、離れた位置にある部品をお互いの部品の中心線で分割し、半分ずつ描いています。金型設計においては、ボルトの長さやピンの長さを検討するにあたり、組立図に配置して確認することが必要であるため、限られたスペースで図示するようにしています。

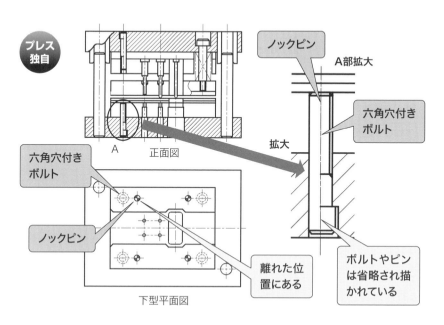

図3-5-8　標準部品の省略

順送金型では、組み立て断面図や平面図において、すべての部品を表さなければなりません。限られたスペースに図を配置しなければならないため、描く優先順位の低い小物の標準部品などは、図3-5-9に示すような手段を使い、図示されることもあります。

図3-5-9では、コイルスプリングとともに組みつけられているストリッパボルト（A）と、ストリッパボルト単体（B）で組み付けられている箇所があります。離れた場所にある部品を、同じ位置に片側のみ描いている例です。

これらはプレス金型の図面独自の表現方法であるため、断面図だけではどのような部品が組み付いているのかがわからない場合があります。平面図や部品表などを確認し、正確に構造を読み取る技能を身につける必要があります。

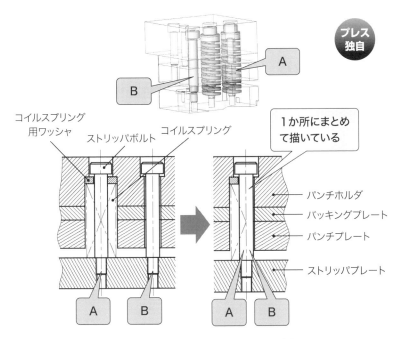

図3-5-9　金型独自の簡略図示の例

第3章　金型図面の読み方

3-6
図形の省略と特殊な図示法

▶ 展開図示

　展開図を用いる場合は、展開図の上側または下側に「展開図」と記入するのがよいとされています（図3-6-1）。

　また順送金型の設計においては、展開図をもとにブランクレイアウト図やストリップレイアウト図が作成されます（図3-6-2）。

▶ 想像線を用いて表す図形

　図3-6-3のAは、曲げ加工を含む順送金型のストリップレイアウト図です。曲げる前の形状や分断する前の形状を表す必要がある場合は、その形状を細い二点鎖線で図示します。

　また図3-6-3のBは、絞り製品の製品図です。加工する際の工具の形状（ノックアウト：加工後の製品をダイより排出するための工具）を表す場合にも、細い二点鎖線で図示します。

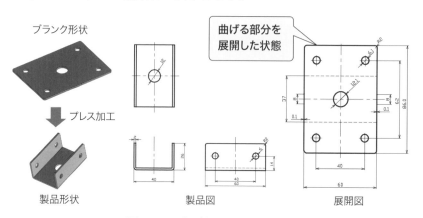

図3-6-1　曲げ加工製品の展開図

3-6 図形の省略と特殊な図示法

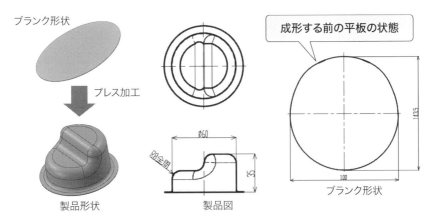

図3-6-2 深絞り製品のブランク形状

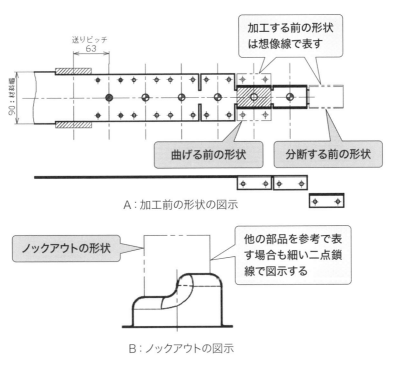

A：加工前の形状の図示

B：ノックアウトの図示

図3-6-3 想像線を用いて表す図

101

第3章 金型図面の読み方

▶ 平面部の表示

製品の形状の一部が平面であることを示す必要があるときは、図3-6-4のAに示すように、図中の平面の部分に細い実線で対角線をひきます。また、かくれ線で描くような隠れた部分の図示についても、同様に平面部に対角線をひきます（図3-6-4のB）。

▶ 中間部の省略

軸・棒・管・形鋼など同一の断面形状が長い場合は、図3-6-5に示すように、その中間部を切り取って必要な部分のみを近づけて図示することができます。切り取った端部は、破断線で示します。

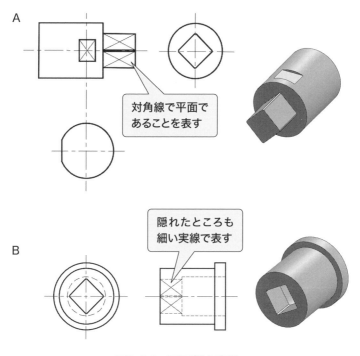

図3-6-4　平面部の表示

3-6　図形の省略と特殊な図示法

▶繰り返し図形の省略

ボルトや打ち抜き穴など同じ種類、同じ形状が規則正しく連続して多数並ぶ場合は、形状を省略して図示することができます（図3-6-6）。

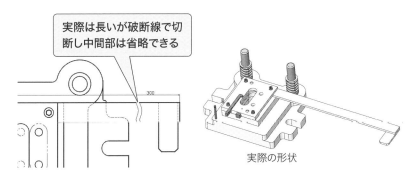

図3-6-5　中間部の省略

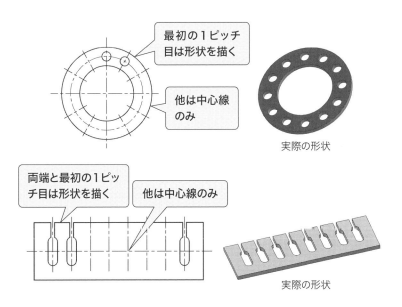

図3-6-6　繰り返しの省略の例

103

第3章 金型図面の読み方

3-7
金型図面における簡略図示法

▶ プレス金型特有の簡略図示法がある

　ボルトなどのねじやコイルスプリングなどを図示する場合は、基本的にはJIS機械製図の規定に従って、省略した図示法で描かれます。しかしプレス金型図面においては、金型固有の簡略画法で描かれることが多いです。

　プレス金型では「加工を行う部分」は詳細に描かれますが、標準化された部分に関しては、詳細に描かなくても部品の形状や機能を伝えることができるため簡略化されます。プレス金型図面には、JISの簡略画法をさらに簡略化された独特の図示法が使用されています。

▶ ねじの図示

　ねじは金型において、部品の締結用として多く用いられています。そのため、用途に応じて様々な種類のねじがあります。

　プレス金型で特に用いられるのが、六角穴付ボルト（キャップボルト、キャップスクリュ）です（**図3-7-1**）。六角穴付ボルト（キャップボルト）は省スペース化による小型化や、高い締め付け力などのメリットがあります。六角穴付ボルトは円筒形の頭部に六角形の穴が開いているボルト（**図3-7-2**）で、締め付けには六角レンチを使用します。

▶ おねじの図示方法

　図3-7-3に、おねじの図示方法を示します。
　①おねじの山の頂を表す線：太い実線
　②谷底を表す線：細い実線（端面から見た場合は円周の4分の3にほ

3-7 金型図面における簡略図示法

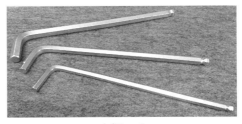

図3-7-1 六角穴付ボルトと六角レンチ

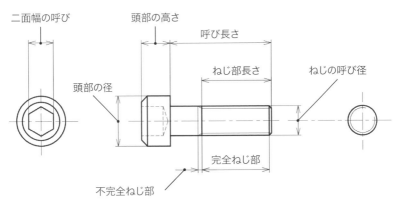

図3-7-2 六角穴付ボルトの各部の名称

ぼ等しい円の一部で表す
③完全ねじ部と不完全ねじ部の境界を表す線：太い実線
④不完全ねじ部の谷底を表す線：細い実線（省略してもよい）

第3章　金型図面の読み方

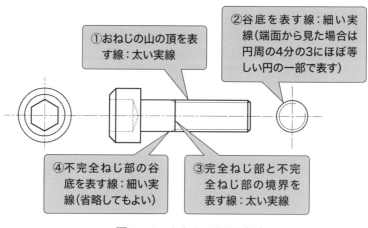

図3-7-3　おねじの図示方法

▶ めねじの図示方法

図3-7-4に、めねじの図示方法を示します。

①めねじの山の頂を表す線：太い実線
②谷底を表す線：細い実線（上面から見た場合は円周の4分の3にほぼ等しい円の一部で表す
③完全ねじ部と不完全ねじ部の境界を表す線：太い実線
④不完全ねじ部の谷底を表す線：細い実線（省略してもよい）
⑤かくれて見えないねじ山の頂や谷底：細い破線（おねじの場合も同じ）
⑥断面図示したねじの下穴（きり穴）およびその行き止まり部：太い実線（120°で描く）

▶ ボルトの締め付け形式

図3-7-5にA、Bの2種類のボルトの締め付け形式を示します。

Aは、頭部がブロックより出ている形式で、頭が邪魔になったり、安

3-7 金型図面における簡略図示法

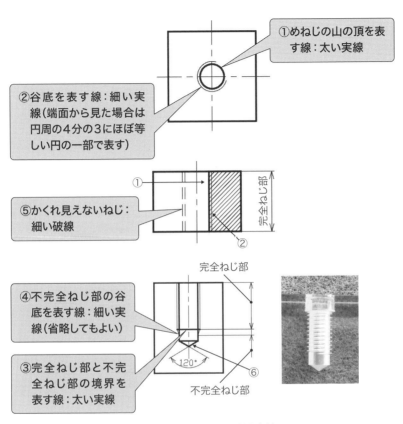

図3-7-4 めねじの図示方法

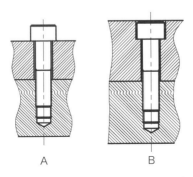

図3-7-5 ボルトの締め付け形式

107

全上問題となる場合があるので、簡易的な金型以外はあまり使用されません。

Bは、頭部がブロック面より沈んでいる形式で、金型においては、通常こちらの形式で締め付けられます。頭部が沈んでいるので邪魔にならず、安全であるとともに見栄えもよくなります。

▶ ストリッパボルト

図3-7-6は、可動ストリッパを締め付けている状態を示したものです。ストリッパボルトも、外ねじ式や内ねじ式、またはブシュを使用した形式などがあります。

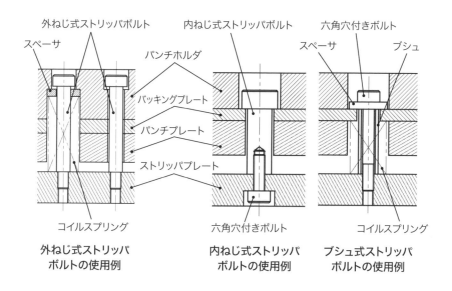

図3-7-6　各種ストリッパボルト

3-7 金型図面における簡略図示法

▶ コイルばねの図示方法　　　プレス独自

ばねはスプリングとも呼ばれ、プレス金型においては用途に応じて様々なばねが用いられます。その中でも、**図3-7-7**に示すような圧縮コイルばね（コイルスプリング）が多く用いられています。一般的には「コイルばね」と呼ばれていますが、プレスの業界では「コイルスプリング」と呼ばれています。コイルスプリングは、JIS規格では**図3-7-8**に示すように図示されます。

図3-7-8のAは、コイルスプリングの製作図に使用する場合の図示方法です。金型では、組立図などで図示されるので、その場合は同図Bのように省略されます。さらに、ばねの種類や形状だけを図示すればよい場合は、同図Cのように描かれます。

コイルスプリングの図示法についても、プレス金型の図面では、JIS規格の簡略図法よりもさらに簡略化した独自の方法が用いられます。

コイルスプリングの外形線を二点鎖線で描き、それに対角線を二点鎖線または細い実線で描きます（**図3-7-9**）。シンプルであり、金型設計者にとっては楽にコイルスプリングを表すことができて便利な図示方法です。

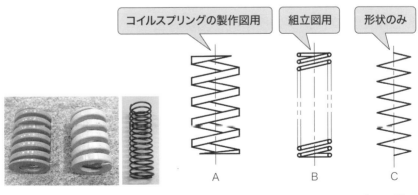

図3-7-7 コイルスプリング

図3-7-8 JISにおけるコイルスプリングの図示法の例

第3章　金型図面の読み方

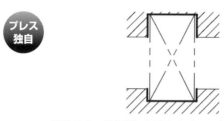

図3-7-9　略図法で示されたコイルスプリング

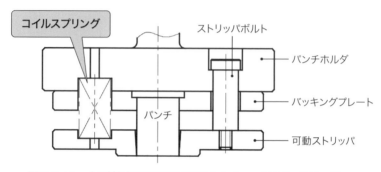

図3-7-10　金型特有の略図法で描かれたコイルスプリング
（可動ストリッパ構造の図）

　図3-7-10は、コイルスプリングの簡略図法を使って、可動ストリッパ構造を描いたものです。

▶ コイルスプリングの使用例と図示方法

　コイルスプリングは、可動ストリッパ以外にも数多く用いられています。金型で使用されるコイルスプリングの例は次のとおりです。

　図3-7-11にガイドリフタの図示例を示します。さらに**図3-7-12**に、コイルスプリングがかくれた場合の図示例を示します。かくれたところにあるコイルスプリングは、すべて細い破線で描かれます。

　ばねは、形状とともに、機能となるたわみ量や荷重が重要です。また、加工によっては、トライ調整時にばね荷重の調整を行うためにばねを交換する場合があるので、ばねの形状以外に、ばねの仕様を表記する

必要があります。ばねの仕様には、図3-7-13に示すようなばね線図によって、ばねの仕様を表現します。ばね線図には、ばねのカタログ番号や使用するばねで発生する荷重などが表記されます（図3-7-14）。

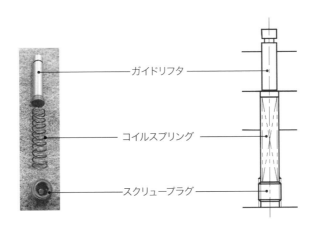

図3-7-11　ガイドリフタの図示例

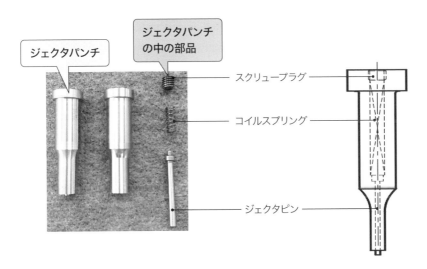

図3-7-12　かくれたコイルスプリングの図示例

第3章　金型図面の読み方

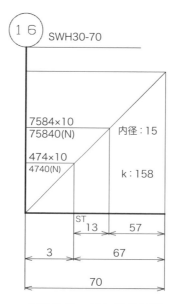

図3-7-13　ばね線図の例

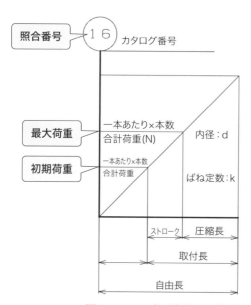

図3-7-14　ばね線図の記載内容

▶ ハッチングの省略

金型の断面図を描く場合は、穴にパンチが挿入された状態やプレート同士が重なって組み合わされている状態を描きます。一般に、となり同士の部品をわかりやすく表現するためにハッチングを施す場合がありますが、金型図面ではハッチングが省略されることが多いです。

しかし、補助的に使う投影図や図面などでは、強調したい部品（パンチやダイなど）にハッチングやスマッジングを入れる場合があります（3-5節参照）。

▶ 面取りの省略

プレス金型で使用されるプレートは、図3-7-15に示すように通常、角の部分は面取りが施されています。しかし、面取りされていることが当たり前なので、図面ではその表記が省略されています。

図3-7-15　プレートの面取り

第3章　金型図面の読み方

▶省略された図に慣れる

　JIS規格のとおり面取りを図示すると、**図3-7-16**のようになります。しかし実際の金型図面では、**図3-7-17**に示すように面取りやハッチングが省略されることが多いです。省略された部分を読み取るには、金型の図面に慣れることが重要です。

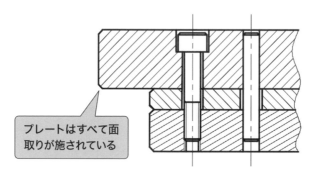

図3-7-16　面取りやハッチングをJIS規格のとおり描いた図

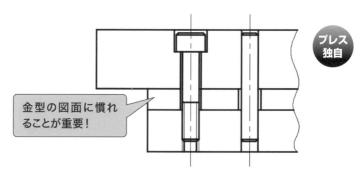

図3-7-17　面取りやハッチングが省略された図

第4章

寸法の表し方

第4章　寸法の表し方

　図面には製品の大きさなどを表す様々な寸法が記入されます。本章では大きく5項目に分けて話を進めます（図4-1-1）。また最近では、寸法ではなくサイズという用語がJISの中でも使われはじめていますが、ここでは寸法で統一します。

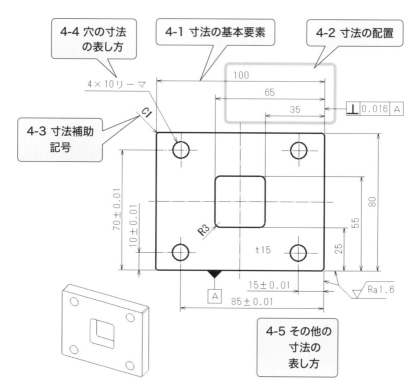

図4-1-1　寸法の表し方

116

4-1

寸法の基本要素

まずは寸法を読むための基本を示します。

▶ 寸法線

寸法には「長さ寸法」と「角度寸法」があります。「長さ寸法」は**図4-1-2**に示すように、表したい長さに平行に引かれた「寸法線」で示されます。「寸法数値」は通常、寸法線の中央に置かれ、単位は付きませんが、ミリメートル（mm）が単位となります。寸法線の両端には矢印で示される「端末記号」がつけられます。記入場所が狭くて矢印が書けない場合は、**図4-1-3**のように黒丸や斜線が用いられます。また、数値が狭くて記入できない場合は、外側に記入されます。

角度寸法は**図4-1-4**に示すように円弧の寸法線で表されます。寸法数値は度（°）で表されますが、1°より小さい数値は5度16分30秒（5°16′30″）のように60進数で表される場合と、22.5度（22.5°）のように10進数で表される場合があります。

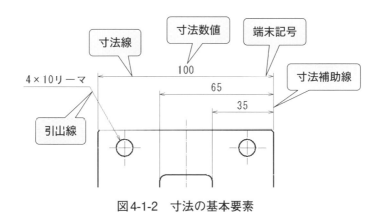

図4-1-2　寸法の基本要素

第4章 寸法の表し方

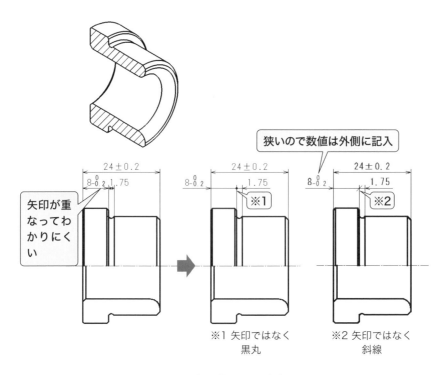

図4-1-3 狭い場所での端末記号

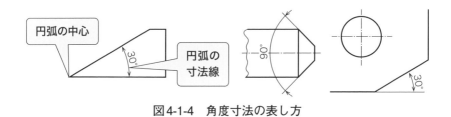

図4-1-4 角度寸法の表し方

▶寸法補助線

寸法線は通常、図4-1-2のように寸法補助線を用いて図形の外で示されます。ただし、**図4-1-5（a）**のように図の中に寸法線が記入される場合には、寸法補助線は省略されます。

4-1 寸法の基本要素

　また、寸法補助線は寸法線に直角に引かれますが、直角に描くと外形線と重なってしまいわかりにくい場合があります。そのようなときには、図4-1-5（b）のように寸法補助線を寸法線に対して斜めに引くことがあります。図4-1-5（c）のように、図形と寸法補助線の間に隙間を設けることがありますが、これはわかりやすくするためで特別な意味はありません。

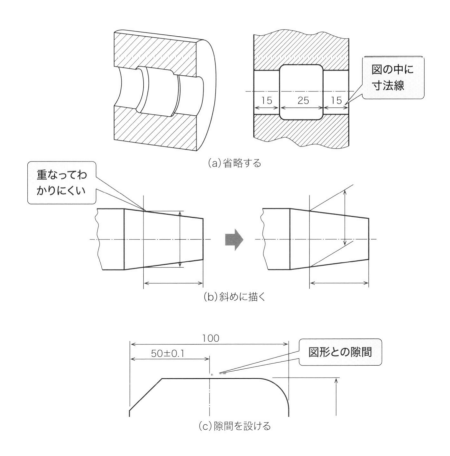

図4-1-5　寸法補助線の表し方

第4章　寸法の表し方

▶ 引出線

寸法数値、記号、注意事項の記入のために引出線が用いられます（図4-1-2）。主な用途は以下のとおりですが、引出線は他の線と区別しやすいように斜めに引かれます。

狭い場所の寸法線に寸法数値が記入できない場合、寸法線から引出線を引き出して記入することがあります（図4-1-6（a））。

特定の形状の寸法などを指示する場合は、形状を表す外形線から引出線が引き出され、先端には矢印が付けられます（図4-1-6（b））。

部品形状の面や部品全体を示す場合は、線の内側から引出線が引き出され、先端には黒丸が付けられます（図4-1-6（c））。

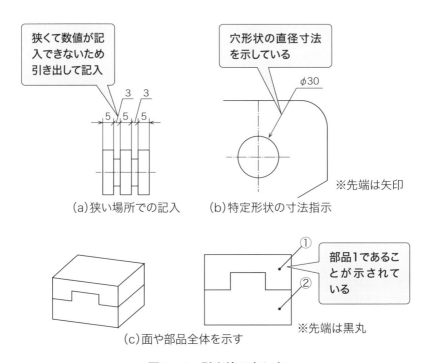

図4-1-6　引出線の表し方

4-2 寸法の配置

複数の寸法を記入する場合の各寸法の並べ方には、直列寸法記入法と並列寸法記入法の2種類があります。累進寸法記入法は並列寸法記入法と同じ意味です。

▶ 直列寸法記入法

図4-2-1（a）に示すように、左端から1つ目の穴の距離が15、1つ目の穴から2つ目の穴までの距離が14と、隣同士の形状の寸法を一列に並べる方法が直列寸法記入法です。

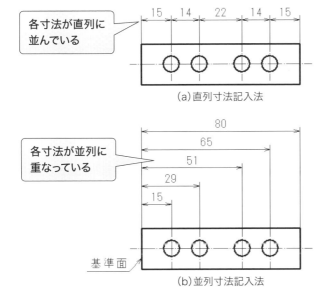

図4-2-1　寸法の配置

第4章　寸法の表し方

▶ 並列寸法記入法

図4-2-1（b）では、どの寸法も左端の面を寸法の開始点とし、他端で各穴形状までの距離を表しています。このように、各寸法の共通の基準を設けて平行に重ねて記入する方法が並列寸法記入法です。

また、**図4-2-2**のように基準は端面とは限らないので、注意が必要です。

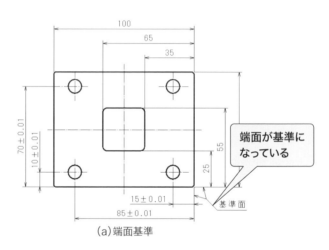

(a) 端面基準

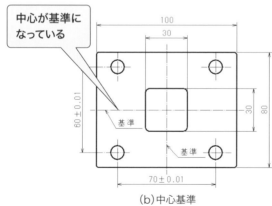

(b) 中心基準

図4-2-2　並列寸法記入法における基準の違い

▶ 累進寸法記入法

　並列寸法記入法は寸法が積み重なるため、寸法の数が増えるとその記入のためのスペースを広く必要とします。一方、累進寸法記入法は、並列寸法記入法とまったく同じ意味を示しながら、少ないスペースで多くの寸法を表すことができます。図4-2-3に示すように、並列寸法記入法の基準にあたる位置は起点記号（○）で示し、寸法線の他端は矢印で示します。寸法数値は寸法補助線の近くに記入されますが、図面の右側からか下側から読める方向で記入され、起点記号から矢印までの距離を表します。

▶ 寸法公差の累積

　各寸法記入法における公差（寸法の誤差が許される範囲）を考えた場合、直列寸法記入法は、隣の寸法の終点が次の寸法の始点（基準）となります。そのため各寸法の公差が累積され、大きな誤差を許すこととなるので注意が必要です（図4-2-4（a））。

　そのような誤差を、あまり重要ではない寸法に持っていくために、図4-2-4（b）のような逃げ寸法が設けられることがあります。図の中の

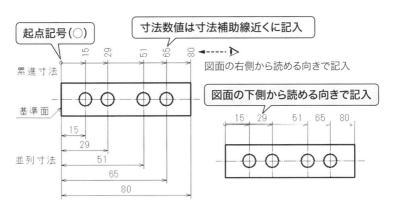

図4-2-3　累進寸法記入法

第4章　寸法の表し方

カッコで囲われた15の寸法が逃げ寸法です。逃げ寸法は、参考寸法ともいいます。

　並列寸法記入法は、図4-2-4（c）のように各寸法が独立しているので、公差が他の寸法の公差に影響を与えることはありません。

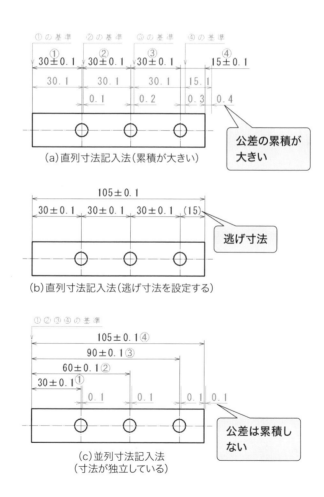

図4-2-4　寸法公差の累積に対する対応

4-3 寸法補助記号

　寸法補助記号は寸法数値の前に同じ大きさで記入され、その寸法の意味を明確に示すために用いられます。記号の種類を**表4-3-1**に示します。

▶ 直径の表し方（φ）

　直径を表す寸法にはその寸法数値の前にφの記号を付け、直径寸法であることを明確に示します。

　ただし、それは**図4-3-1（a）**のように円形形状を横方向から描いている図形に寸法を記入する場合です。**図4-3-1（b）**のように円形が描

表4-3-1　寸法補助記号の種類と呼び方

項　目	記　号	呼び方
直径	φ	まる、ふぁい
球の直径	Sφ	えすまる、えすふぁい
正方形の辺	□	かく
半径	R	あーる
コントロール半径	CR	しーあーる
球の半径	SR	えすあーる
円弧の長さ	⌒	えんこ
45°の面取り	C	しー
板の厚さ	t	てぃー
ざぐり、深ざぐり	⊔	ざぐり、ふかざぐり
皿ざぐり	∨	さらざぐり
穴深さ	↧	あなふかさ

第4章 寸法の表し方

かれている図形に寸法を記入する場合には、直径記号φは記入しないこととなっています。

円形形状が表されている場合でも、図4-3-1（c）の寸法のように、片側にしか端末記号が付かない場合には、半径寸法と間違わないよう直径記号φを付けます。引出線の場合も同様です（図4-3-1（d））。

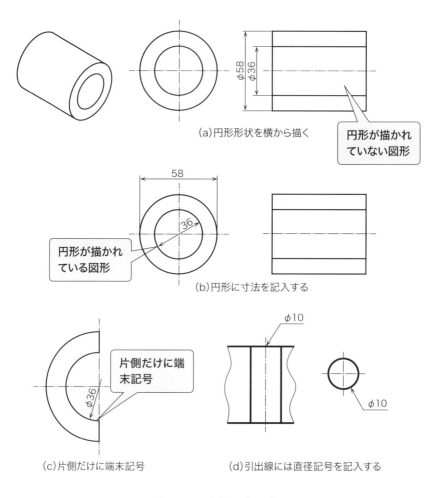

図4-3-1　直径の表し方

4-3 寸法補助記号

▶ 球の直径および半径の表し方（Sφ、SR）

球の直径を表す場合には、円筒などの直径と区別をするために、球（sphere）を表す記号 S と、直径を表す記号 φ が寸法数値の前に記入されます（図4-3-2（a））。

球の半径を表す場合には、球の半径（sphere radius）を表す記号 SR を寸法数値の前に付けて表されます（図4-3-2（b））。

球の半径の寸法が他の寸法からわかる場合には、寸法線と記号だけで球であることを表す場合があります（図4-3-2（c））。

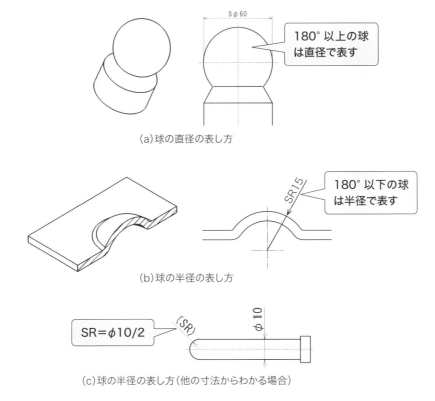

(a) 球の直径の表し方

(b) 球の半径の表し方

(c) 球の半径の表し方（他の寸法からわかる場合）

図4-3-2　球の直径および半径の表し方

127

第4章　寸法の表し方

▶ 正方形の辺の表し方（□）

　正方形を横から見た図形の場合には、図4-3-3（a）のように、一辺の寸法の前に正方形の辺であることを示す□記号を付けて、その形状が正方形であることを表すことができます。

　正方形を正面から見た図形では、正方形が図形に表されているので、図4-3-3（b）のように□記号は使わずに、各辺の寸法を記入することとなっています。

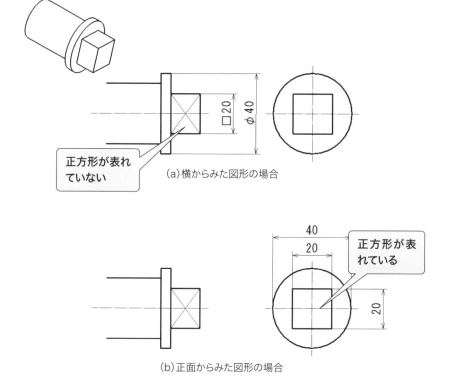

図4-3-3　正方形の辺の表し方

▶ 半径の表し方（R）

半径の寸法を表す場合は、半径（radius）の記号Rが寸法数値の前に付けられ、半径寸法であることが示されます。矢印は円弧側にしか付けません（**図4-3-4**）。

半径寸法などは、同じ寸法数値の場合1か所に代表して記入し、他は記入しないことが慣例的に行われています。**図4-3-5**の例では、4コーナーの半径寸法が左下にしか記入されておらず、他は同じ寸法数値であることを示しています。

本来は4コーナーすべてに寸法を記入するか、省略したことを明記するべきですが、多くの図面がそのようなことはしていないので注意が必要です。

図4-3-4　半径の表し方

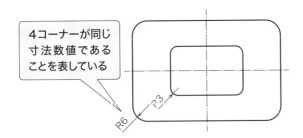

図4-3-5　半径寸法指示の慣例

第4章 寸法の表し方

▶ コントロール半径の表し方（CR）

コントロール半径とは、2010年のJIS機械製図改正から新しく登場した記号です。図4-3-6に示すように、直線部と半径曲線部が滑らかにつながっていなければいけないことを指定するものです。寸法の記入には、コントロール半径（control radius）を表す記号CRを、寸法数値の前に記入して指定されます。

▶ 円弧の長さの表し方（⌒）

円弧の長さを表す場合は、円弧の長さを表す記号⌒を寸法数値の前に付けて表します（図4-3-7（a））。

円弧の長さとは円弧の円周上の長さであり、寸法線も円弧に平行に引かれます。類似した長さに、円弧の始点から終点までの直線長さを表す弦の長さがあります（図4-3-7（b））。この場合は、寸法数値には記号が付かず、寸法線は弦の長さに平行に直線で引かれるので、間違わないように注意する必要があります。

なお、2010年JIS機械製図以前は、図4-3-7（c）のように記入されていました。

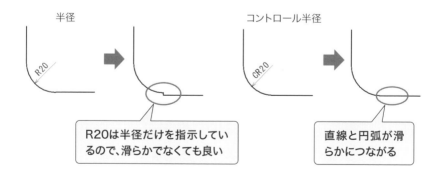

図4-3-6　コントロール半径の表し方

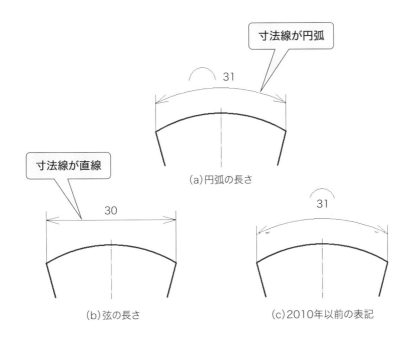

図 4-3-7　円弧の長さの表し方

▶ 面取りの表し方（C）

　面取りとは面と面が交わった角の部分を、安全上の理由や組み立てやすさのために、斜めに削り取ることです（**図 4-3-8（a）**）。

　一般の面取りは**図 4-3-8（b）**のように、通常の寸法記入方法で表すことができます。しかし、面取り角度が 45°の場合だけは**図 4-3-8（c）**のような記入方法で表されます。特に、面取り（chamfer）を表す記号 C を、寸法数値の前に付ける方法で記入されることが多いようです。

　図 4-3-8（c）にあるように、C3 と記入されている場合には、45°の面取りで長さが 3 ということを意味しています。**図 4-3-9**に示すように、3 は斜め方向の長さではなく、縦と横の長さが 3 であることを意味しているため、間違えないようにしてください。

第4章　寸法の表し方

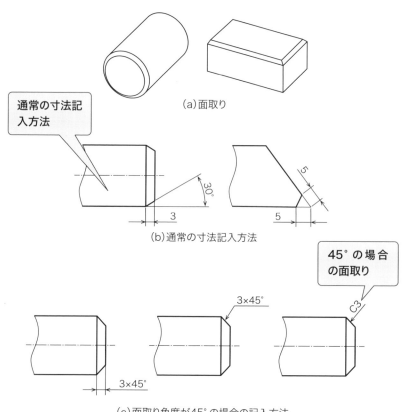

図4-3-8　面取りの表し方

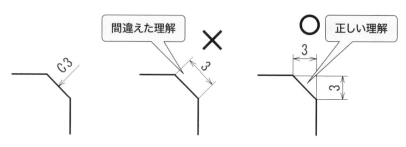

図4-3-9　面取り寸法の示す長さ

▶ 厚さの表し方（t）

板状製品などの厚さ寸法を表す場合には、正面図の中またはその付近に厚さ（thickness）を表す記号 t を寸法数値の前に記入して表されます。この場合には、他の投影図に厚さ寸法が記入されることはありません（図4-3-10）。

▶ 理論的に正しい寸法および参考寸法

理論的に正しい寸法や参考寸法は、現在では寸法補助記号には含まれませんが、寸法数値に記号を付ける内容なのでここで紹介します。

寸法で長さを50と、公差を指定しない寸法には普通公差（例えば50 ± 0.3）を適用します（図4-3-11 (a) (b)）（第5章5-1節参照）。しかし、幾何公差では、寸法公差を考えない理論的に正しい寸法（50.0000…）が使用されことがあります（第5章5-2節参照）。そのような場合には、寸法数値を長方形の枠で囲み、他の寸法とは違うことを表します（図4-3-11 (c)）。

また寸法では、同じ内容を重複して記入すると（重複寸法）、後で数値を間違えてどちらかだけを変更した場合、どちらの寸法を信頼すれば

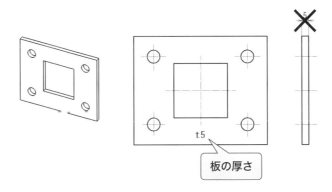

図4-3-10　厚さの表し方

第4章 寸法の表し方

よいかわからなくなります。そのため、重複寸法は避けるようにします（図4-3-11（d））。しかし、どうしても記入する必要がある場合には、寸法数値にカッコを付けて、公差などを考えない参考寸法とします（図4-3-11（e））。

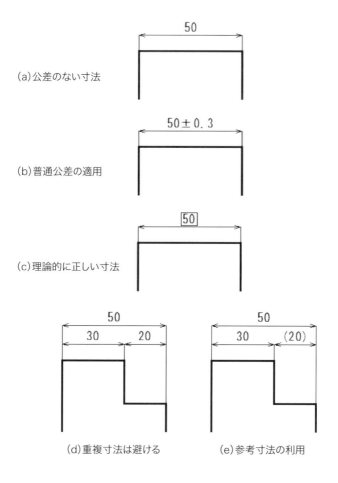

図4-3-11　理論的に正しい寸法と参考寸法

4-4 穴の寸法の表し方

穴の寸法の表し方には特有の記入方法があるので、穴を表すために用いられる寸法補助記号をまとめて説明します。

▶ 加工方法の指示

穴の加工方法を指示する必要がある場合には、穴の寸法数値の後に加工方法が指示されます（**図4-4-1（a）**）。

特に**表4-4-1**に示される加工方法は、表中の簡略表示が許されています。よく使われる「キリ」は「きりもみ」の簡略表示で、ドリルによる穴加工のことです（**図4-4-1（b）**）。

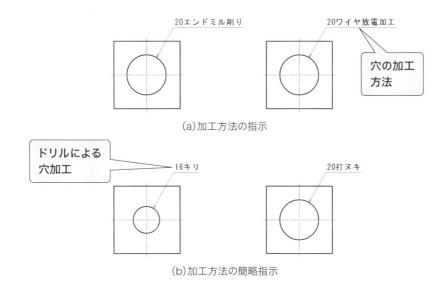

図4-4-1　穴の加工方法の指示

第4章　寸法の表し方

表4-4-1　加工方法の簡略指示

加工方法	簡略表示
鋳放し	イヌキ
プレス抜き	打ヌキ
きりもみ（ドリル）	キリ
リーマ仕上げ	リーマ

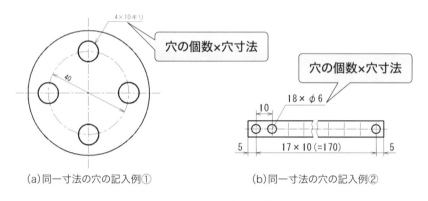

(a)同一寸法の穴の記入例①　　(b)同一寸法の穴の記入例②

図4-4-2　同じ穴寸法の表し方

▶ 同じ穴寸法の表し方

　同じ寸法の穴が多数ある場合には、すべての穴に寸法を記入せずに次のような簡略的な表示方法がとられます。

　まず穴の個数を表す数値を記入し、続いて記号×を記入、最後に穴の寸法を記入します。図4-4-2にある「4×10キリ」や「18×φ6」がそれになります。

　なお、2010年JIS機械製図以前は、「4-10キリ」と、記号×ではなく「-」が使用されていました。

▶ 穴の深さの表し方

穴には最後まで貫通している貫通穴（図4-4-3（a））と、途中で止まっている止り穴（図4-4-3（b）（c））があります。貫通穴は穴の深さを示す必要はありませんが、止り穴は深さを示す必要があります。

穴の深さとは円筒部分の深さを指します。図4-4-3（b）のように通常の寸法記入方法で表すこともありますが、図4-4-3（c）のように穴の直径寸法のうしろに穴の深さを表す記号▽を記入し、そのうしろに深さを表す寸法数値を記入して表すこともあります。

2010年JIS機械製図以前は、「φ10深サ30」と、記号ではなく漢字とカタカナで表すことになっていました。

▶ ざぐりおよび深ざぐりの表し方

ざぐりとは、穴にボルトなどを通して締め付ける場合、表面が鋳物や黒皮のようにデコボコして安定していないときに、表面を少し円形に削って平らにすることを指します（図4-4-4）。

ざぐりは、2010年JIS機械製図以前は図4-4-4（b）のように、ざぐりを付ける穴直径寸法の後に、ざぐり直径を表す寸法数値とざぐりを表す「ザグリ」を記入し、深さは特に指定していませんでした。深さを指定していないのは、表面が平らになる程度の深さであることを意味してい

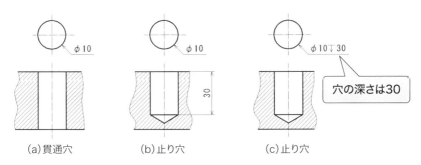

図4-4-3　穴の深さの表し方

第4章 寸法の表し方

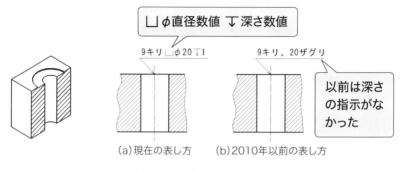

図4-4-4　ざぐりの表し方

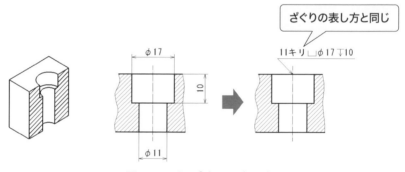

図4-4-5　深ざぐりの表し方

ます。現在は図4-4-4（a）のように、ざぐりを表す「記号⌴」の後に「直径記号φ」と「直径数値」、必ず深さを表す「記号▽」と「深さ数値」で深さを表すことになっています。

深ざぐりとは、穴に六角穴付きボルトなどを通してボルトの頭部を埋めたい場合に、ボルトより大きめの直径で、指定された深さまで削ることを指します（図4-4-5）。

深ざぐりの表し方は、現在はざぐりの表し方とまったく一緒です。なお、2010年JIS機械製図以前は、「11キリ、17深ザグリ深さ10」と表していました。

4-5 その他の寸法の表し方

▶こう配およびテーパの表し方

こう配とは、図4-5-1（a）のように片側だけに傾斜がある形状を指しています。同図左のように通常の寸法記入で表されることもありますが、右の図のようにこう配専用の表し方が決まっています。「1：25」とは、図の左右方向に25mm進んだときに、傾斜面の高さが上下で1mm変化するという意味になります。以前は「1/25」のように分数で表して

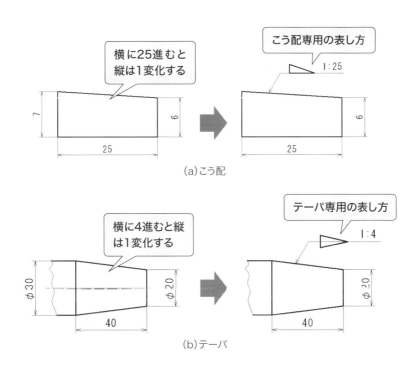

図4-5-1　こう配およびテーパの表し方

いましたが、意味は同じです。

　テーパとは、**図4-5-1（b）**のように両側が対称に傾いている形状を指します。円すい形状はその代表です。こう配と同じく、通常の寸法記入で表されることもありますが、テーパ専用の表し方が決まっています。円すい形状で1：4とは、中心軸方向に4mm進んだときに、直径が1mm変化するという意味です。

▶ ねじ寸法の表し方

　ねじを表す場合は、次のように「ねじの種類を表す記号」「ねじの呼び径を表す数字」「ピッチ」で表します。

| ねじの種類を表す記号 | ねじの呼び径を表す数字 | × | ピッチ |

　最もよく使われるメートルねじの記号は「M」です。ねじの呼び径とは、おねじの外径と考えてよいです。またピッチとは、ねじ山の間隔のことです（**図4-5-2**）。

　メートルねじには「並目ねじ」と「細目ねじ」があり、同じ呼び径でも「細目ねじ」のほうがピッチが細かいです。「並目ねじ」は呼び径に対してピッチは1つと決まっているので、通常はピッチの表示は省略されます（**図4-5-3**）。

　　メートル並目ねじの表示例　　　M8、M10
　　メートル細目ねじの表示例　　　M8×1、M10×1.25

▶ 長円の表し方

　長円は**図4-5-4**のいずれかの方法で表されます。
　①長円の長さと幅、円弧であることだけを表す（R）（図4-5-4（a））
　②両端の円弧中心間の長さと幅、円弧であることだけを表す（R）（図4-5-4（b））

4-5 その他の寸法の表し方

③両端の円弧中心間の長さと円弧直径を表す（図4-5-4（c））

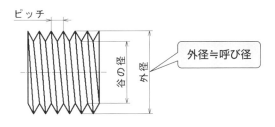

図4-5-2　おねじの各部の名称

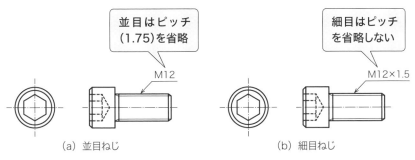

(a) 並目ねじ　　　　　　　　(b) 細目ねじ

図4-5-3　ねじ寸法の記入例

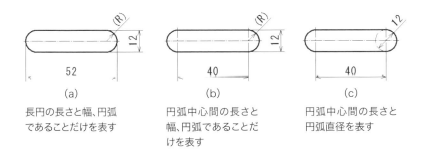

(a)　　　　　　　　　(b)　　　　　　　　　(c)

長円の長さと幅、円弧　　円弧中心間の長さと　　円弧中心間の長さと
であることだけを表す　　幅、円弧であることだ　　円弧直径を表す
　　　　　　　　　　　　けを表す

図4-5-4　長円の穴の表し方

第5章

各種記号について

第5章 各種記号について

5-1 寸法公差について

▶寸法公差とは

　手書きで50mmの長さの線を引きたいときに、ピッタリ50.0000…mmに線を引くことは困難です。それを、金属などの材料を削り落として金型部品を作る際に当てはめて考えてみます。工作機械や工具、素材の変形、温度による金属の膨張などが重なり、狙った寸法ピッタリに作ることはできません。加えて、それらの部品を組み立てることで金型を作るのですから、わずかなズレも積み重なってしまいます。

　そのため、実際には与えられた機能（後述する「はめあい」など）を満たし、かつ寿命に差支えない程度にはズレてもよい範囲を与えなければなりません。それを寸法公差と呼んでいます。

　寸法に公差を指示する場合、次の3つの記入方法があります（図5-1-1）。
　①寸法値（基準寸法）に数値で記入する方法
　②寸法に記入されなくても公差が適用されている普通寸法公差
　③記号（"はめあい記号"などと呼ばれる）で記入する方法
　※さらに①と③の両方を記入する方法もある

▶数値で記入する寸法公差の読み方

　基準寸法に対して、ズレてもよい範囲が指示されているのが寸法公差です。では、具体的にどのように指示され、どのように読み取ればよいのでしょうか。

　ズレてもよい範囲を表現するときに、上限の値を最大許容寸法、下限の値を最小許容寸法といいます。製作した結果、この最小許容寸法から最大許容寸法の間に入れば、その部分は合格となります（表5-1-1）。

5-1 寸法公差について

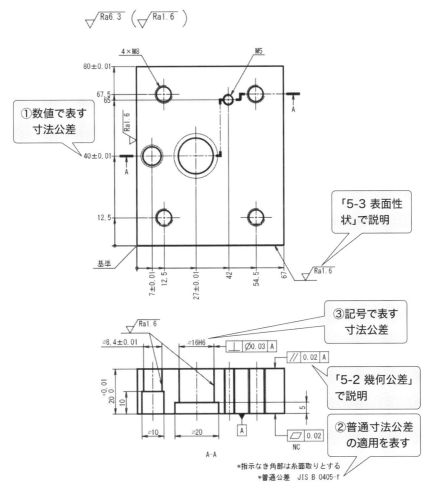

図5-1-1 寸法公差、幾何公差、表面性状記号の記入例

このとき、「最大許容寸法－最小許容寸法」を公差といいます。

なお、別の表現として知っておくべき言葉として、「最大許容寸法－基準寸法」を「上の寸法許容差」、「基準寸法－最小許容寸法」を「下の寸法許容差」などということがあります。

公差が広いほど、加工時に、高価な機械や設備でなくても（場合に

第5章　各種記号について

表5-1-1　数値で記入する寸法公差と意味

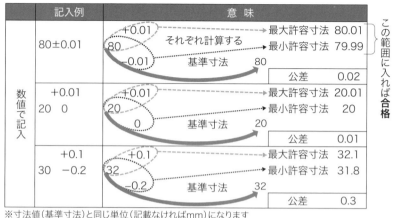

※寸法値(基準寸法)と同じ単位(記載なければmm)になります

よっては作業者が熟練者でなくても)、時間をかけなくても、加工できる可能性が高くなり、品質に影響がない範囲で金型の納期を短く、製作費用も抑えられることになります。

▶ 普通公差（普通寸法公差）とは

特に寸法公差として表示されていなくても、寸法には「普通寸法公差」という公差が隠れています。寸法以外にも形状に対して「普通幾何公差」が適用されていることもあります。

幾何公差は5-2節で説明しますが、形体に関する公差で、平面度などの形状自体や平行度、直角度などの姿勢、位置などに関する公差になります。単純に普通公差といった場合には「普通寸法公差」と「普通幾何公差」の両方があります。

普通寸法公差や普通幾何公差は、JIS規格となっていて、これらは図5-1-2のように図面の図枠表題欄付近に記載されているか、図面の表題欄やその付近に「JIS B 0405-f」のように省略して記入してあります。JIS規格番号であるJIS B 0405の次に表示されている「-f」の「f」は公

5-1 寸法公差について

図枠表題欄へまとめた普通寸法公差の表示

削リ加工寸法ニ対スル許容差		設計	製図	検図	尺度
基準寸法ノ区分	許容差				1 : 1
0.5以上 6以下	±0.1				
6ヲ越エ 30以下	±0.2				
30ヲ越エ 120以下	±0.3	図名	片面式板ジグ		
120ヲ越エルノ寸法	±0.5				

図5-1-2 普通寸法公差の記入例

表5-1-2 普通寸法公差(JIS B 0405)の読み方

公差等級		面取り部分を除く長さ寸法に対する許容差				
		基準寸法の区分				
記号	説明	0.5以上 3以下	3を超え 6以下	6を超え 30以下	30を超え 120以下	120を超え 400以下
		許容差				
f	精級	±0.05	±0.05	±0.1	±0.15	±0.2
m	中級	±0.1	±0.1	±0.2	±0.3	±0.5
c	粗級	±0.2	±0.3	±0.5	±0.8	±1.2

※図5-1-1の記入例の寸法値(基準寸法)42の普通寸法公差は±0.15とわかります

差等級といい、「f(精級)」であることを指示していて、ほかにはm(中級)、c(粗級)、v(極粗級)があります(**表5-1-2**)。

加えて、面取り部分の長さ寸法(角の丸みおよび角の面取り寸法)に対する公差については、別の表がありそれぞれ適用されます。さらに、加工方法に応じて、JIS B 0405(金属の除去加工または板金成形)、JIS B 0410(金属プレス加工)、JIS B 0410(金属板せん断加工品)、JIS B 0403(鋳造品)のように複数の普通寸法公差があります。

普通寸法公差と普通幾何公差の両方を適用する場合には「JIS B 0419-fH」のように記入することがあります。JIS規格番号の次の「-fH」は公差等級を表し、小文字の「f」が適用する普通寸法公差の公差等級、大文字の「H」が普通幾何公差の公差等級となります。

金型を製造しているところでは、加工の工程や条件を標準化(ルール

147

化）しているところも多く、その結果としてどれくらいの公差に収まるかあらかじめ考慮してJISの普通公差の公差等級を技術標準として決めている場合や、会社に特有の規格（社内規格）で公差を決めているところもあります。

▶ 寸法の配置と意味の違い

　普通寸法公差や寸法公差があるため、寸法の配置が「直列寸法記入法」であるか「並列寸法記入法（または累進寸法記入法）」であるかによって、製作された部品の実寸は変わってきます。第4章4-2節「寸法の配置」でも一度掲載していますが、**図5-1-3**に示す部品の全長は、直列寸法記入法で記入された図面にもとづいて製作された場合は99.6〜100.15の間の寸法になります。並列寸法記入法で記入された図面にもとづいて製作された場合は99.85〜100.15の間のより狭い範囲の寸法に入ることになります。

　しかし、つねに並列寸法記入法（または累進寸法記入法）を使うことで精度の良い部品ができるわけではありません。

　例えば図5-1-3（a）に示した直列寸法記入法の、Aの穴中心間距離は、29.9〜30.1の範囲となります。一方、図5-1-3（b）で示した並列寸法記入法（または累進寸法記入法）で、Bとなる類似の穴中心間距離は、最小となる値と最大となる値をそれぞれ計算すると（最小となる値は79.85 − 50.15 = 29.7、最大となる値は80.15 − 49.85 = 30.3から）、29.7〜30.3の範囲となり、寸法公差が大きくなってしまいます。

　したがって寸法の記入位置から、なにが重要な寸法なのかを読み取ることがポイントとなります。

　金型図面の場合、多くの穴やねじ穴があり、図面上で寸法のスペースをあまりとらない累進寸法記入法が用いられていることが多くあります。これは、「1．十分に高い加工精度を持つ工作機械を用いること」「2．プログラムが必要なNC工作機械を使うことが多い（プログラムを作成

5-1 寸法公差について

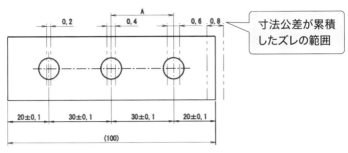

(a)直列寸法記入法

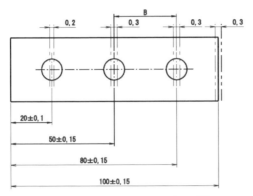

(b)並列寸法記入法（累積寸法記入法も同様）

図5-1-3 寸法の配置と意味の違い

する際に基準からの座標で表現されているほうが便利である）こと」を前提としています。

▶はめあい（記号で表す寸法公差）とは

金型や機械が仕事をする（機能する）とき、それぞれの部品が、摺動（滑って動く）する、回転する、固定されているなどの「部品同士の関係」が設計者の狙い通りとなっていることが重要です。

なかでも、それぞれの部品は「穴」と「軸」のようにはめあう（はまりあう）ことが多く、このときのはめあい（部品同士の関係）が機能を

第5章 各種記号について

実現させるために重要となります。

「はめあい」には、隙間があることでお互いの部品が動くことができる「すきまばめ」と、お互いが動くことができない（または機能するときは動くことを意図しない）「しまりばめ」があります（図5-1-4）。さらに、できあがった製品の寸法によってはどちらともなりえる「中間ばめ」も存在します。この「はめあい」を一目でわかるようにしたものが（はめあい記号などとも呼ばれる）公差域クラスの記号となります。表5-1-3に、はめあいの公差域クラスの記号と機能（や用途）の関係について、例として記載しました。図5-1-5はH7/m6のはめあいを持つ

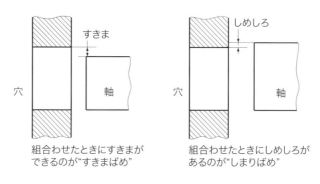

図5-1-4　はめあいの種類

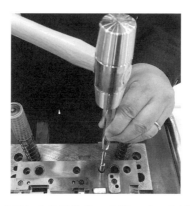

図5-1-5　H7/m6のはめあいを持つノックピンの挿入

5-1 寸法公差について

表5-1-3 はめあいと機能、用途の例

意図した機能			はめあいの種類	公差域クラスの記号	用途の例
部品が相対的に動く箇所	機能上大きなすきまでよい箇所	大きなすきまで動く部分	すきまばめ	H10/c9	ほこりをうける回転部分
		組立が容易で動かない部分		H9/d8	大きな力のかからないプーリと軸（止めねじ）・シール部
	一般的なすきまで潤滑がよく、回転またはしゅう動する箇所	比較的大きなすきまで動く部分		H8/e9	広幅の半割軸受
				H8/e8	高速重負荷の軸受
				H7/e9	**ストリッパボルト**
		比較的精度のよい良質なはめあいで動く部分（常温）		H8/f8	中型軸受
				H8/f7	小型軸受・ポンプ軸受
	ほとんどすきまの許せない精密な回転またはしゅう動する箇所	軽荷重で精密な動きを必要とする部分		H8/g7	精密なリンクのピン・ピストン・滑り弁
		一般の位置決め部分		H7/g6	**ガイドリフタピン** 軸継手・割軸受のはめ込み部
部品が相対的に動かない箇所	はめあい部の結合力だけでは力を伝達できない	人力で結合する	分解・組立が容易な固定取り付け部分	中間ばめ	**H7/h7**	**脱着を繰り返すノックピン** **リーマボルトとボルト穴**
			精度のよい位置決め部分		H7/js6	歯車ポンプのブシュ外径と穴
		木ハンマで結合する			H7/k6	ピストンピンとピストンピン穴
			ややかたい固定取り付け部分		**H7/m6**	**頻繁に脱着しないノックピンパンチやダイのプレートへの位置決め** キー止めする軸と歯車軸穴・平行ピンと穴
	はめあい部の結合力だけで力を伝達できる	プレスなどの機械力で結合する	軽圧入固定部分	しまりばめ	H7/p6	軸受本体とブシュの結合
			中圧入固定部分		H7/r6	キー止めするポンプ軸と羽根
			半永久結合部分		H7/s6	クランクピンと穴
			永久結合部分		H7/t6	圧入する軸と歯車や軸継手

151

第5章 各種記号について

ノックピンを、ピンポンチとハンマーを使い挿入している様子です。

▶ はめあい（記号で表す寸法公差）の読み方

図5-1-6の図面に記入されている"φ16m5"について説明します。図5-1-7にそれぞれの個所の意味を示しています。"φ16m5"の"m"にあたる"①公差域の位置を表すアルファベット"が大文字のときには「穴形状」、小文字のときには「軸形状」を表しています。今回は"m"とアルファベットが小文字なので軸形状であることがわかります。なお、このアルファベットがjsのときは、基準寸法が公差域の真ん中になりますが、h→gとアルファベットがaに近くなるほど"すきま"が大きくなる（軸の場合は数値が小さくなる）方向に、k→m→n→pとzに近いほど"しめしろ"がきつくなる（軸の場合は数値が大きくなる）方向に公差域が移っていきます。図5-1-7は軸によく使われる公差域クラスしか示していませんが、穴形状（大文字）の場合でもAに近いほど"すきま"が大きく、Zに近いほど"しめしろ"がきつくなる方向に公差域が移っていきます（なお、数値と紛らわしいアルファベットは規格になかったり、2文字のものもあります）。

また、はめあいは無数の組み合わせが考えられますが、一般的に加工時に寸法が調整しにくい穴側を基準としてHとし、機能に応じた軸の公

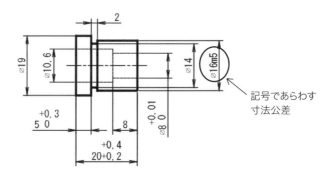

図5-1-6　はめあいの図面への記入例

5-1 寸法公差について

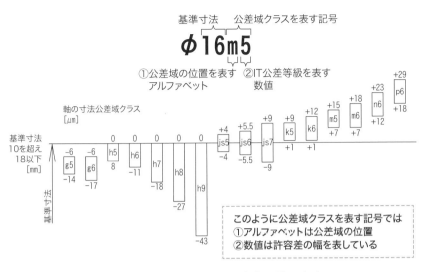

図5-1-7　公差域クラスを表す記号の意味

差域クラスを組み合わせることが多く、このようなはめあいの選び方を穴基準と呼んでいます。

　さらに"φ16m5"のうちの"5"という数値（図5-1-7②）はIT公差等級と呼ばれており、図5-1-7の"m5"と"m6"を比べてもわかるとおり、数値が大きいと公差も大きくなります。公差の小さいIT1～4は高精度なゲージ類向けのはめあい、IT5～10は一般的なはめあいとして使われます（IT11～18は、はめあいでは使われません）。

　では、φ16m5は、どのような寸法公差となるのか調べてみましょう。JIS B 0401-2に、軸や穴の寸法許容差表があります。「m」はアルファベットの小文字であることから、「軸の寸法公差記号の寸法許容差表」を探します（**表5-1-4**）。次に、基準寸法が「16」であることから「10を超え18以下」の行を見ます。「m5」の列と「10を超え18以下」の行が直行する枠に「＋15、＋7」と書かれていることがわかります。単位はμmであるため、それぞれをmmに換算すると（1μm＝0.001mmであることから）＋0.015、＋0.007となります。つまりφ16m5は

第5章 各種記号について

表5-1-4 はめあい公差域クラスの読み方

基準寸法の区分 [mm]		軸の公差域クラス [μm]			
を超え	以下	…	m5	m6	…
…	…	…	…	…	…
10	18	…	+15 +7	+18 +7	…
18	30	…	+17 +8	+21 +8	…
30	50	…	+20 +9	+25 +9	…
…	…	…	…	…	…

（表の全体はJIS B 0401-2を参照のこと）

$\phi 16^{+0.015}_{+0.007}$

と同じ意味となります。

▶ 組立部品の寸法公差の記入方法

　金型部品の製作図面のような、単一の部品である場合には、前述のような記入方法が多いですが、構造を把握するための組立図面など、組み立てた状態ではめあいの指示がされているものもあります。その際には表5-1-3の「公差域クラスの記号」の列や図5-1-5「H7/m6のはめあいを持つノックピンの挿入」のように「穴の寸法公差記号"/"軸の寸法公差記号」といった形で「/」で区切ることで、穴と軸の公差域クラスを一度に表現することもあります。

▶ 理論的に正確な寸法の場合

　寸法値が30のように四角で囲まれている場合があります。理論的に正確な寸法といい、普通寸法公差も含めて寸法公差は割り当てられません。幾何公差（位置度など）と組み合わせて使用されます。

5-2 幾何公差記号

▶ 幾何公差とは

図5-2-1のような図記号を幾何公差と呼んでいます。

図5-2-2（a）はノックピンの図を説明用に簡単にしたものです。直径だけの指示で、幾何公差が入っていない場合には図5-2-2（b）のような形状になっても合格となってしまいます。このようなノックピンを金型組立の際に使用したらノックピン穴に入らないかもしれませんし、再組み立ての際に同じ位置に部品を固定することもできないことが想像できます。

このようなことがないように、寸法や寸法公差で指示することのできない幾何形状のズレを制限するものが幾何公差になります。

表5-2-1のように、単独で指示する「形状公差」、データムと合わせ

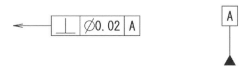

図5-2-1　幾何公差の図記号

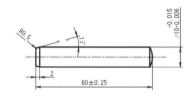
（a）幾何公差のない図

（b）このような形状でも合格になってしまう

図5-2-2　幾何公差の必要性

155

第5章 各種記号について

表5-2-1 幾何公差の種類と記号

公差の種類	特性	記号	データム指示	適用する形体
形状公差	真直度	─	否	単独形体
	平面度	▱	否	
	真円度	○	否	
	円筒度	⌭	否	
	線の輪郭度	⌒	否	
	面の輪郭度	⌓	否	
姿勢公差	平行度	∥	要	関連形体
	直角度	⊥	要	
	傾斜度	∠	要	
	線の輪郭度	⌒	要	
	面の輪郭度	⌓	要	
位置公差	位置度	⌖	要・否	単独および関連形体
	同心度	◎	要	関連形体
	同軸度	◎	要	
	対称度	═	要	
	線の輪郭度	⌒	要	
	面の輪郭度	⌓	要	
振れ公差	円周振れ	↗	要	
	全振れ	↗↗	要	

て使われる「姿勢公差」、「位置公差」、「振れ公差」の4つの種類に分かれます。

　データムとは、簡単にいえば、組合せて指示される幾何公差の基準となる面や軸に接する基準です。例えば、指示されている幾何公差が参照しているデータムが面であるなら、そのデータム指示面を定盤に載せるなどして基準とし、指示された幾何公差を満たしているかどうかを測定し評価することになります。

　金型図面では幾何公差が記入されていることは少ないですが、社外に部品や一部の組立て品の製作を依頼する場合などは、幾何公差が必要とされることもあります。なお、本書では簡単に説明していますが、専門的な知識となりますので必要になったらJISや専門の書籍で調べることをおすすめします。

▶形状公差について

　形状公差は、指示された部分（形体）が、理想的な幾何学的形状からどれくらい崩れていても良いのかを指示しています。

○平面度の例
　図5-2-3の平面度は、指示された面が数値の分だけ離れて、平行に配置された平面に収まるように規制する形状公差です。範囲内に収まっていれば通常は面の形状特徴は指示されないので、図5-2-3の（a）でも（b）でもそれ以外の記入方法でも良いです。しかし、幾何公差の指示枠の下に"NC"または"not convex"と書かれている場合には、中高を許さないという意味になりますので、図5-2-3の（a）は不合格となります。上にプレートが重なる場合などシーソーのように不安定になってはいけない場合などに応用されます。

第 5 章　各種記号について

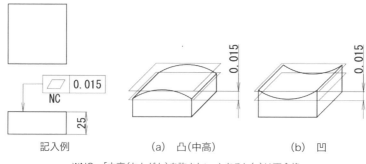

※NC＝「中高（なかだか）を許さない」とあると(a)は不合格

図5-2-3　平面度の例と崩れていても良い範囲

▶ 姿勢公差について

　姿勢公差では、ある基準に対する姿勢を公差として指示されています。この基準のことをデータムと呼んでいます。本来は、実在するものではなく、指示されたデータムの形体に直接接する理想的に精度のよい実用的なデータム形体（例えば定盤の平面など）を指しています。

○平行度の例

　ダイホルダ上面と底面の平行が崩れていると、上に組付けられるダイも傾いてしまいます。傾きが大きいと、金型の寿命が短くなってしまうなどの問題が考えられます。そこで図5-2-4は、ダイホルダの上面と底面の平行度を規制した例です。データム平面Aに平行な0.015mmだけ離れた2平面内に、指示されたダイホルダの上面が入っていないと不合格になります。

○直角度の例

　ガイドポストの傾きが大きいと金型が組み立てられないため、図5-2-5はガイドポストの傾きを規制するために直角度公差を指示した例です。
　ガイドポストの外径φ28の寸法線に一致するように幾何公差がふら

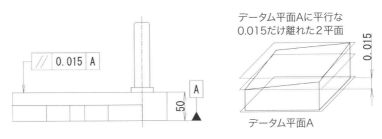

図5-2-4　平行度の例と崩れていても良い範囲

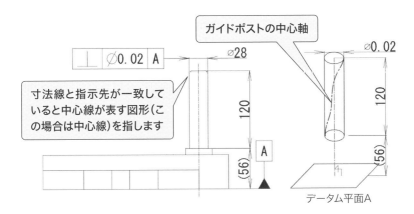

図5-2-5　ガイドポストを例にした直角度の指示例と崩れていても良い範囲

れていた場合、φ28のみの部分の中心線を指示しています。対してデータムAは、ダイホルダの底面を指示していますので、ガイドポストのφ28部分の中心線が底面に対し直角な架空の円筒 φ0.02の中に納まるように、直角となっていなければならないことを表しています。

▶位置公差について

〇位置度の例

　点や直線形体、平面形体の位置を規制するのが位置度公差です。図5-2-6に使用例を記載します。穴位置の寸法には"理論的に正確な寸法"を使用しています。

第5章　各種記号について

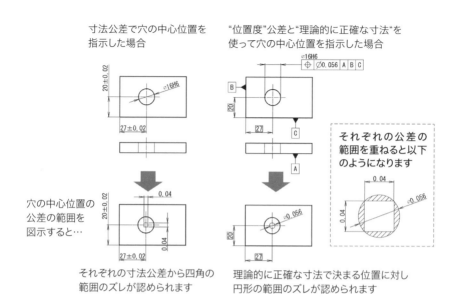

図 5-2-6　位置度公差の使用例とズレても良い範囲

※この例では、円筒が挿入される穴に位置度公差をうまく活用することで、機能に支障をきたすことなく公差範囲が大きくなり作りやすくなります。

▶ 普通幾何公差について

　普通寸法公差の項目で触れましたが、普通寸法公差と同様に図面の表題欄付近に「JIS B 0419-△○」（△には適用する普通寸法公差の等級を、○には適用する普通幾何公差の等級を表す記号が入る）と表示することで、図面に個別に指示しなくても自動的に適用される幾何公差を普通幾何公差といいます。普通寸法公差と同じように「H」「K」「L」の3つの公差等級があり、「H」が一番厳しく高い精度が要求される普通幾何公差で「K」、「L」の順に大きな公差となり、合格の範囲が大きくなります。

　もちろん普通寸法公差のように、普通幾何公差を適用しつつも、必要に応じて場所ごとに幾何公差が指示されていることもあります。

5-3 表面性状の図示記号

▶ 表面性状とは

　品物の表面を触ると、つるつるした面があったり、ざらざらした面があったりします。これらは、**図5-3-1**のような表面の小さな凹凸が関係しています。この表面の小さな凹凸の状態のことを表面粗さと呼び、表面粗さや筋の向き、表面のうねりや傷などを含めた表面の状態（面の肌）のことを表面性状と呼んでいます。

　表面性状を図面上で指示しているのが、**図5-3-2**のような記号になります。逆三角形の先端が指示している面となり、寸法補助線や引き出し線にも指示することがありますが、その場合は寸法補助線を引き出し元のほうに延長した外形線からなる面や、引き出し線が指示している面を指しています。

　表面粗さは、たくさんの種類がありますが、凹凸が小さいほど値が小

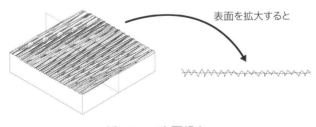

図5-3-1　表面粗さ

図5-3-2　表面性状の記号（表面粗さ記号）の例

第5章 各種記号について

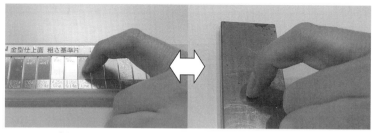

①粗さ標準片と被測定物を交互に指でなぞって比較する方法

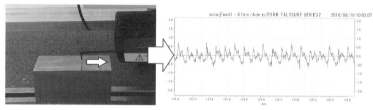

②触針式表面粗さ測定機にて測定する方法

図5-3-3 代表的な表面粗さの測定方法

さくなるものがほとんどであり、一般的には指示された数値より良い（数値が小さい）面であれば合格となります。

表面粗さを測定するには、図5-3-3の①のように粗さ標準片と測定物を交互に指（小指の爪など）でなぞってその感覚で判断する方法と、図5-3-3の②のように触針でなぞって測定する方法（表面を針でなぞりその上下を読み取るためギザギザの線として測定されます。［JIS B 0601］や［ISO13565-1］）があります。そのほかには、非接触による方法（平面的に面粗さを知ることができます。［ISO25178］）がいくつかあります。

なお、本書では簡単に説明しますが、幾何公差と同様に、専門的な知識となりますので、必要に応じてJISやISO、その他の専門の書籍で調べることをおすすめします。

▶ 表面性状の記号とその意味

表面性状を表す記号には次のようなものがあり、形状や記入されている文字により意味が変わります。切削工具の刃先をイメージした記号と考えるとわかりやすいです。

▶ 表面性状の記号に書かれた意味

図5-3-4の①の場所には、指示する表面性状の種類を表す記号や必要に応じて測定時の条件などが記述されています。一般的には数値の単位はμmとなり特に記入しません。粗い（凹凸が大きい）よりも仕上げが細かい（凹凸が小さな）ほうが困ることは少ないため、特に断りがない場合には上限値が記載されています。なお、指示されている面の測定箇所のうち、16%は大きくても良いことになっています。

表面性状の種類を表す文字（Raなど）の後にmaxと記入されていた場合には、指示された面がすべての箇所で測定した際に値を下回らないといけません。表5-3-1に代表的な表面性状（表面さ）の種類を記入しました。

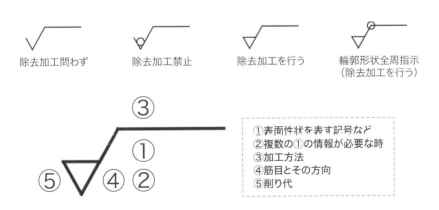

図5-3-4　表面性状を表す記号と各箇所に記載する情報の意味

第5章　各種記号について

表5-3-1　代表的な表面性状（表面粗さ）の種類を表す記号

記号	名称	意味
Ra	算術平均粗さ	凹凸を平均として表すため傷などの影響が少なくなります。最も一般的に使われます。以前は、Raで表現する場合には省略することができたこともあります。
Rz	最大高さ粗さ	現在ではRzで表す数値です。凹凸のうち一番高い凸と一番低い凹の差を表すため、傷などの影響を受けやすくなるため、傷（や引っ掛かり）に関する影響を少なくしたいときなどに指示がされています。
Rzjis	十点平均粗さ	凹凸のうち、高い凸を5つと、低い凹を5つ取りその平均を差にしたものです。

※表面の粗さ曲線がもし理想的な同じ三角形の繰り返しであるとした場合には、おおよその目安としてRaの数値の4倍がRzとなります。

　図5-3-4の②は、①で足りない場合に記載されることがあります。

　例えば、ものによっては必ずしも、表面粗さを小さくする（つるつるにする、つまり凹凸を小さくする）ことが良いわけではなく、表面粗さを小さくするためには加工にも手間がかかります。ともすると、金型の機能を考えたとき（パンチの先端部など）、すべての面の面粗さを小さく、つるつるな状態にすることが良いとは限りません。このような理由から、表面粗さを上限と下限で設定してある場合には、①の箇所に「U　表面性状の記号」、②の箇所に「L　表面性状の記号」と記入されています。

〇加工方法を表す

　図5-3-4の③は「加工方法」を表しています。加工方法が特に指定されている場合には③の場所に加工方法が記入されます。しかしながら、加工方法が指定されていなくても、加工方法によってはどんなに丁寧に仕上げても、表面粗さをある一定以上小さく仕上げることはできません。

　各種加工の目安としてどこまで仕上げられるかを示したものが**表**

5-3-2 となります。

○筋目とその方向の表し方

図5-3-4の④は「筋目とその方向」を表しています。刃物や砥石などにより加工された表面には、その加工方法によって違う筋目模様が現れます。筋目模様の種類（つまり加工方法を指示することになる）やその向きを指示するために、表5-3-3のような記号を付加させることがあります。

○削り代の表し方

図5-3-4の⑤は「削り代」を表しています。素材から表面を削り取らなければならない場合、この部分に削り代が指示されることがあります。

表5-3-2　加工方法の記号と表面粗さ（Ra）の目安

加工方法	記号		Ra											
			0.025	0.05	0.1	0.2	0.4	0.8	1.6	3.2	6.3	12.5	25	50	100
鍛造	F	鍛													
鋳造	C	鋳													
ダイカスト	CD	ダイカスト													
平削り	P	平削													
フライス削り	M	フライス													
転造	RL	転													
穴あけ	D	キリ													
中ぐり	B	中グリ													
旋削	L	旋													
形削り	SH	形削													
ブローチ削り	BR	ブローチ													
研削	G	研													
ペーパ仕上	FCA	ペーパ													
やすり仕上	FF	ヤスリ													
ラップ仕上	FL	ラップ													
リーマ仕上	FR	リーマ													
液体ホーニング	SPLH	液体ホーン													
化学研磨	SPC	化研													
電解研磨	SPE	電研													

※例　精密仕上　上仕上　中仕上　荒加工

第5章　各種記号について

表5-3-3　筋目方向の記号

記号	意味	記入例	
=	指示した図の投影面に平行な方向の筋目		旋削面、形削り面、研削面
⊥	指示した図の投影面に直行する方向の筋目		旋削面、形削り面、研削面
X	指示した図の投影面に斜めに2方向に交差する方向の筋目		ホーニング面
M	多方向に交差する筋目		正面フライス削り面 エンドミル削り面
C	指示した面の中心にほぼ同心円状な筋目		旋削での端面、正面旋削面
R	指示した面の中心にほぼ放射状な筋目		研削での端面
P	指示した面が方向性のない粒子状のくぼみや突起		放電加工面 ブラスト加工面

▶ これまでのいろいろな表現

表面性状（や 面の肌、表面粗さ）を表す記号はいろいろあります。図面には、必ずしも現在のJISによる製図がされているとは限りません。そこで、これまで本章で使用された記号と変換を**表5-3-4**にまとめました。

▶ 図面の左上（部品番号の右など）に大きめに記入されている場合

実際にはすべての面に表面性状の記号を配置することは難しいため、図5-1-1のように、左上に少し大きく表面性状を表す記号が記載されていることがあります。指示されていない面は「この表面性状で仕上げてください」という意味になります。あわせてカッコ内には、その図面で個別に指示している表面性状が記入してあります。

表5-3-4　これまでに使用された表面粗さの記号

期間	Ra0.2	Ra1.6	Ra6.3	Ra25	除去加工なし
2003以降	▽Ra0.2	▽Ra1.6	▽Ra6.3	▽Ra25	▽
1982～2003	0.2▽	1.6▽	6.3▽	25▽	▽
1982以前	▽▽▽▽	▽▽▽	▽▽	▽	～

※昔は数値的に表面粗さ（面の肌）を数値で測定することがなかなか難しかったため、刃物の刃先をイメージした三角形の数で表現していました。しかしながら、一般的に数値で測定できるようになったため具体的な数値で表すようになりました。その後、国際規格（ISO）に合わせる必要があり、何回かの変遷ののちに一番上段の表現になりました。

第5章　各種記号について

5-4
組立図

▶ プレス金型の機能を表す記号　

　プレス金型の組立図や部品図には、独特な図面配置や簡略図法があることはすでに述べましたが、プレス金型の機能を表す記号も独特なものがあります。これは一般的なものではなく、主に社内や関連する企業との意思疎通に用いられるもので、描き方には多くの種類があり統一されていません。ここでは、いくつかの例を紹介します。

　図5-4-1は実際の金型とその金型を表した下型平面図です。この図面では ⊕ マークが、ノックピン、インナーガイド、メインガイドを表す印として使われています。

　そのほかには、ストリップレイアウト図などでは、パイロット位置などを示す記号として使用され、製作図などでは、NC工作機械の原点位

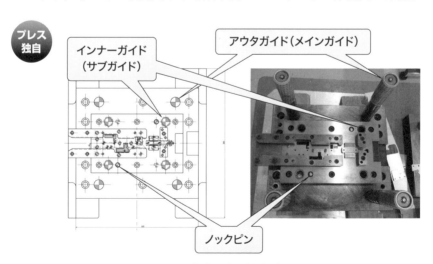

図5-4-1　実際の金型と組立図

5-4 組立図

置を表す記号として使用されます。

▶金型図面で使用される記号の例

　金型では、形状の中心とプレスの取り付け中心とは限りません。プレス加工では、プレス機械に偏心荷重がかからないように、金型の中心とプレス加工における荷重の中心を合わせる必要があります。順送金型などでは、荷重中心が金型の中心とは限らないので、荷重の中心を取り付けの中心となるように設計を行います。つまり、プレス金型では、形状的な中心ではなく、荷重の中心で描き、ここが金型の中心であるということを「CL」などの記号で示します。

　ダイハイトを表す寸法に「DH」という記号をつけたり、送り高さの寸法を表す「FL」という記号をつけたりすることもあります。

　また矢印とともに、材料の送り方向を記したりすることもあります（図5-4-2）。

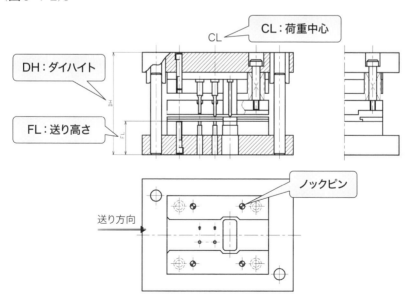

図5-4-2　金型組立図で使用される記号の例

COLUMN

　設計者から製作者側への情報伝達という役割を担っていた図面は、CAD/CAM システムを用いた場合、図面ではなく CAD システムで作成された数値データにより、製作者側（NC 工作機械）に伝達され、数値データをもとに金型が製作されるようになりました。そのため、わざわざ正確に図面を描く手間を省き、金型設計者は、金型を製作するために必要なデータを作成することにとどまり、金型の形状などを正確に表した図面は描かれなくなりました。つまり、図面を介して行われていた、人から人への情報伝達がなくても金型が製作できるようになったのです。これは、これまで金型技術者の育成に役立っていたと思われる、図面を介しての人と人との情報伝達はなくなったことを意味しており、若手技術者が金型に関する知識を獲得する機会がなくなったことも意味しています。

　新人が会社に就職して、現場で金型構造について学ぼうと思っても、図面を読む人に金型構造を理解させようと描いた詳細な金型図面を描かない企業が多く、JIS 機械製図の知識を習得した人であっても、金型構造を読解することは難しくなっています。

　そこで、まずは書籍などで基本的な金型構造についての知識を身につけてから、現場で自社の金型構造の表し方に慣れていく必要があります。

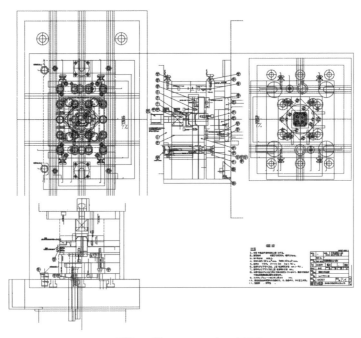

詳細に描かれていない図面

| 参考資料 | 金型の基本構造と主要部品の名称

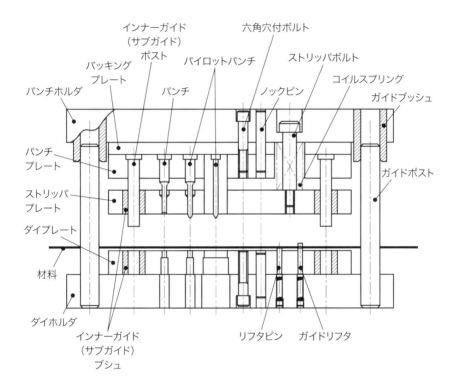

索　引

アルファベット

FP ································· 76
ISO規格 ···························· 42

あ

アウターガイド ······················ 7
厚さ寸法 ··························133
圧縮コイルばね ····················109
穴の寸法 ··························135
穴の深さ ··························137
アレンジ図 ····················78, 89
インナーガイド ················7, 168
上の寸法許容差 ····················145
上型ユニット ······················ 35
エジェクタ ························ 29
円弧の長さ ·······················130
送り高さ ·····················85, 169
同じ寸法の穴 ·····················136
おねじ ···························104

か

階段断面図 ························ 91
ガイドブシュ ······················ 27
ガイドポスト ······················ 25
ガイドリフタ ······················ 31

角度寸法 ·························117
かくれ線 ·························· 70
加工方法 ·························164
片側断面図 ······················· 95
可動ストリッパ ···················108
関係精度 ························· 82
幾何公差 ························155
基準寸法 ························144
逆配置構造 ······················· 11
局部投影図 ······················· 88
組立図 ······················41, 80
繰り返し図形の省略 ···············103
削り代 ··························165
コイルスプリング ···········99, 109
こう配 ··························139
国際標準化機構 ··················· 43
コントロール半径 ·················130

さ

最小許容寸法 ····················144
サイズ ··························116
最大許容寸法 ····················144
ざぐり ··························137
参考寸法 ························133
下の寸法許容差 ··················145

絞り加工	5	正方形の辺	128
しまりばめ	150	切断線	94
尺度	52	切断面	93
主投影図	62	せん断加工	5
順送金型	6	全断面図	91
順送スケルトン	15	線の種類	55
順配置構造	11	線の太さ	54
照合番号	50		
正面図	62, 83	**た**	
推奨尺度	54	ダイ	4
すきまばめ	150	第一角法	60
スケルトン	6	第三角法	60
筋目とその方向	165	ダイセット	24
ストックガイド	19	ダイハイト	85, 169
ストリッパ	17	ダイホルダ	23
ストリッパプレート	17	中間ばめ	150
ストリッパボルト	18, 99	中間部の省略	102
ストリップレイアウト図	14	中心線	71
スプリングプランジャ	30	中心マーク	49
スマジング	97	長円	140
寸法公差	144	直列寸法記入法	121
寸法線	117	直径記号	126
寸法補助記号	125	テーパ	140
寸法補助線	118	展開図	89
製品図	40	投影線	59

173

投影法 …………………………58
投影面 …………………………59

な

長さ寸法 ………………………117
逃げ寸法 ………………………123
ねじ ……………………………140
ノックアウト …………………100
ノックピン ………………21, 168

は

刃合わせガイド …………………13
パイロット …………………22, 90
パイロットパンチ ………………22
破断線 ……………………………73
ハッチング …………………73, 97
ハッチングの省略 ……………113
ばね線図 ………………………111
はめあい ………………………149
半径寸法 ………………………129
パンチ ……………………………4
パンチプレート …………………20
パンチホルダ ……………………23
引出線 …………………………120
標準化 ……………………………9
表題欄 ……………………………48

表面性状 ………………………161
深ざぐり ………………………138
普通幾何公差 …………………160
普通寸法公差 …………………146
部品図 ……………………………41
部品欄 ……………………………50
部分断面図 …………………91, 95
部分投影図 ………………………87
ブランクレイアウト図 ……76, 78
プレス金型 ………………………3
プレス作業 ………………………2
平面図 ……………………………81
平面部の表示 …………………102
並列寸法記入法 ………………122
補助投影図 ………………………87
補足する投影図 …………………86

ま

曲げ加工 …………………………5
ミスフィード ……………………32
メインガイド …………………168
めねじ …………………………106
面取り …………………………131
面取りの省略 …………………113

や

用紙サイズ …………………… 46

ら

リフタピン …………………… 29
理論的に正しい寸法 …………… 133
累進寸法記入法 ………………… 123
レイアウト図 …………………… 14

はじめて学ぶ　プレス金型図面の読み方　　　　　　　　　NDC 566.5

2019年3月25日　初版1刷発行　　　　　（定価はカバーに表示されております）

　　　　　　　　　　　Ⓒ編著者　中　杉　晴　久
　　　　　　　　　　　　発行者　井　水　治　博
　　　　　　　　　　　　発行所　日刊工業新聞社

　　　　　〒103-8548　東京都中央区日本橋小網町14-1
　　　　　電話　書籍編集部　　03-5644-7490
　　　　　　　　販売・管理部　03-5644-7410
　　　　　　　　FAX　　　　　03-5644-7400
　　　　　振替口座　00190-2-186076
　　　　　URL　http://pub.nikkan.co.jp/
　　　　　email　info@media.nikkan.co.jp

　　　　　　　　　　印刷・製本　新日本印刷㈱

落丁・乱丁本はお取り替えいたします。　　2019　Printed in Japan
ISBN 978-4-526-07954-2

本書の無断複写は、著作憲法上での例外を除き、禁じられています。